小型建设工程施工项目负责人岗位培训教材

石油化工工程

小型建设工程施工项目负责人岗位培训教材编写委员会　编写

中国建筑工业出版社

图书在版编目（CIP）数据

石油化工工程/小型建设工程施工项目负责人岗位培训教材编写委员会编写. —北京：中国建筑工业出版社，2013.8

小型建设工程施工项目负责人岗位培训教材

ISBN 978-7-112-15576-7

Ⅰ.①石… Ⅱ.①小… Ⅲ.①石油化工-化学工程-工程施工-岗位培训-教材 Ⅳ.①TE65

中国版本图书馆CIP数据核字（2013）第143040号

本书是《小型建设工程施工项目负责人岗位培训教材》中的一本，是石油化工工程专业小型建设工程施工项目负责人参加岗位培训的参考教材。全书共分3章，包括石油化工专业基础知识、石油化工工程项目管理、石油化工项目负责人执业工程范围及工程规模标准等。本书可供石油化工工程专业小型建设工程施工项目负责人作为岗位培训参考教材，也可供石油化工工程专业相关技术人员和管理人员参考使用。

* * *

责任编辑：刘　江　岳建光　杨　杰
责任设计：李志立
责任校对：张　颖　刘　钰

小型建设工程施工项目负责人岗位培训教材
石油化工工程
小型建设工程施工项目负责人岗位培训教材编写委员会　编写

*

中国建筑工业出版社出版、发行（北京西郊百万庄）
各地新华书店、建筑书店经销
北京科地亚盟排版公司制版
河北省零五印刷厂印刷

*

开本：787×1092毫米　1/16　印张：11　字数：263千字
2014年4月第一版　2014年4月第一次印刷
定价：30.00元
ISBN 978-7-112-15576-7
（24162）

小型建设工程施工项目负责人岗位培训教材

编写委员会

主　编：缪长江

编　委：（按姓氏笔画排序）

王　莹	王晓峥	王海滨	王雪青
王清训	史汉星	冯桂烜	成　银
刘伊生	刘雪迎	孙继德	李启明
杨卫东	何孝贵	张云富	庞南生
贺　铭	高尔新	唐江华	潘名先

序

为了加强建设工程施工管理，提高工程管理专业人员素质，保证工程质量和施工安全，建设部会同有关部门自 2002 年以来陆续颁布了《建造师执业资格制度暂行规定》、《注册建造师管理规定》、《注册建造师执业工程规模标准》(试行)、《注册建造师施工管理签章文件目录》(试行)、《注册建造师执业管理办法》(试行) 等一系列文件，对从事建设工程项目总承包及施工管理的专业技术人员实行建造师执业资格制度。

《注册建造师执业管理办法》(试行) 第五条规定：各专业大、中、小型工程分类标准按《注册建造师执业工程规模标准》(试行) 执行；第二十八条规定：小型工程施工项目负责人任职条件和小型工程管理办法由各省、自治区、直辖市人民政府建设行政主管部门会同有关部门根据本地实际情况规定。该文件对小型工程的管理工作做出了总体部署，但目前我国小型建设工程还未形成一个有效、系统的管理体系，尤其是对于小型建设工程施工项目负责人的管理仍是一项空白，为此，本套培训教材编写委员会组织全国具有丰富理论和实践经验的专家、学者以及工程技术人员，编写了《小型建设工程施工项目负责人岗位培训教材》(以下简称《培训教材》)，力求能够提高小型建设工程施工项目负责人的素质；缓解“小工程、大事故”的矛盾；帮助地方建立小型工程管理体系；完善和补充建造师执业资格制度体系。

本套《培训教材》共 17 册，分别为《建设工程施工管理》、《建设工程施工技术》、《建设工程施工成本管理》、《建设工程法规及相关知识》、《房屋建筑工程》、《农村公路工程》、《铁路工程》、《港口与航道工程》、《水利水电工程》、《电力工程》、《矿山工程》、《冶炼工程》、《石油化工工程》、《市政公用工程》、《通信与广电工程》、《机电安装工程》、《装饰装修工程》。其中《建设工程施工成本管理》、《建设工程法规及相关知识》、《建设工程施工管理》、《建设工程施工技术》为综合科目，其余专业分册按照《注册建造师执业工程规模标准》(试行) 来划分。本套《培训教材》可供相关专业小型建设工程施工项目负责人作为岗位培训参考教材，也可供相关专业相关技术人员和管理人员参考使用。

对参与本套《培训教材》编写的大专院校、行政管理、行业协会和施工企业的专家和学者，表示衷心感谢。

在《培训教材》的编写过程中，虽经反复推敲核证，仍难免有不妥甚至疏漏之处，恳请广大读者提出宝贵意见。

小型建设工程施工项目负责人岗位培训教材编写委员会

2013 年 9 月

《石油化工工程》

编 写 小 组

组 长： 唐江华

成 员： （按姓氏笔画排序）

王 营 李智慧 张凤莲 周立博

徐斌华 唐江华 黄春芳

前　言

为了提高石油化工专业小型工程施工项目负责人素质，促进工程质量安全水平提高，缓解“小工程、大事故”矛盾，完善和补充建造师执业资格制度体系，我们组织编写了本教材。本教材的特点是以石油化工专业技术为背景知识，列举了在实际工程管理中各个阶段各个方面遇到的案例，是一本针对石油化工专业小型工程施工项目负责人应用的实用教材。

本书共分三章编写完成，集石油化工专业施工技术、施工程序、施工方法、技术要求、质量安全技术措施、法律法规、实际应用、案例等为一体。

第1章石油化工专业基础知识，包含石油化工专业施工技术和石油化工专业法规规范两节内容。第一节石油化工专业施工技术包含石油化工专业典型的几类技术，如焊接技术、吊装技术，以及石油化工专业涉及的石油化工设备安装技术、工艺管道安装技术、仪表自动控制系统安装技术、防腐施工技术、绝热施工技术、电气安装技术，其中穿插了大量的案例，帮助读者学习、领会和引用；第二节石油化工专业法规规范主要介绍了石油化工工程领域应用较广的《石油化工建设工程施工安全技术规范》（GB 50484）和《石油天然气建设工程施工质量验收规范》（SY 4200—4211）两份规范中强制性标准条文。

第2章石油化工工程项目管理，在这一章中完全以案例的形式介绍了石油化工专业工程中的合同管理、施工组织设计、进度控制、成本控制、施工预结算、施工质量控制、HSE管理、试运行管理、竣工验收。案例取材绝大多数来源于石油化工专业实际工程，专业特色突出，通俗易懂。

第3章石油化工项目负责人执业工程范围及工程规模标准，本章介绍了石油化工工程执业范围、石油化工工程大、中、小型工程规模的划分，最后对石油化工专业建造师签章文件进行了解读。

参加本书编写的人员由中国石油天然气集团公司、中国石化集团公司、中国化学工程总公司等相关部门和单位的人员组成，在此感谢他们的大力支持与帮助，尤其感谢中国石油管道学院提供的大力支持与帮助！

本书虽然经过了充分的准备、征求意见、讨论、审查和修改，但仍难免存在谬误之处，恳请读者提出宝贵意见，以便修改完善。

目　录

第1章 石油化工专业基础知识

1.1 石油化工专业施工技术

1.1.1 焊接技术

一、焊接工艺评定概念

1. 概念

焊接工艺评定（Procedure qualification record，简称PQR）为验证所拟订的焊件焊接工艺的正确性而进行的试验过程及结果评价，是通过对焊接接头的力学性能或其他性能的试验证实焊接工艺规程的正确性和合理性的一种程序。

2. 目的

（1）评定施焊单位是否有能力焊出符合相关国家或行业标准、技术规范所要求的焊接接头；

（2）验证施焊单位所拟订的焊接工艺指导书是否正确；

（3）为制定正式的焊接工艺指导书或焊接工艺卡提供可靠的技术依据。

3. 焊接工艺评定程序

（1）编制焊接工艺评定委托书。

（2）按照焊接工艺评定标准或设计文件的规定，拟订焊接工艺指导书或评定方案、初步工艺。

（3）按照拟订的焊接工艺指导书（或初步工艺）进行试件制备、焊接、焊缝检验（热处理）、取样加工、检验试样。

（4）根据所要求的使用性能进行评定。若评定不合格，应重新修改拟订的焊接工艺指导书或初步工艺、重新评定。

（5）整理焊接记录、试验报告，编制焊接工艺评定报告；评定报告中应详细记录工艺程序、焊接参数、检验结果、试验数据和评定结论，经焊接责任工程师审核、单位技术负责人批准，存入技术档案。

（6）以焊接工艺评定报告为依据，结合焊接施工经验和实际焊接条件，编制焊接工艺规程或焊工作业指导书、焊接工艺卡，焊工应严格按照焊接作业指导书或工艺卡的规定进行焊接。

4. 焊接工艺评定遵循的规范

根据产品对象的不同、焊接工艺评定的具体要求，应按相应的工艺评定标准的规定进行评定。

（1）从事钢制受压容器焊接的工艺评定应按照《钢制压力容器焊接工艺评定》JB 4708标准的要求进行评定。

(2) 石油化工工程的焊接应按照《石油化工工程焊接工艺评定》SHJ 509 的要求进行评定。

(3) 石油天然气管道工程的焊接应按照《石油天然气金属管道焊接工艺评定》SY/T 0452 的要求进行评定。

二、焊接材料

1. 焊条

按药皮成分可分为不定型、氧化钙型、钛钙型、氧化铁型、低氢钾型、低氢钠型、石墨型、钙铁矿型、盐基型等十大类。

按照熔渣性质分类：可将焊条分为酸性焊条和碱性焊条两大类。两类的特性对比见表 1-1。

酸性焊条与碱性焊条特性对比 **表 1-1**

酸性焊条	碱性焊条	酸性焊条	碱性焊条
对水、铁锈敏感性不大	对水、铁锈敏感性不大	抗裂性较差	焊缝抗裂性好
脱渣性较好	脱渣性不及酸性焊条	含氢量低	含氢量高
冲击韧性一般	冲击韧性较高	烟少	烟多

按焊条的用途分类：

(1) 结构钢焊条。主要用于焊接碳钢和低合金钢。

(2) 钼和铬钼耐热钢焊条。主要用于焊接珠光体耐热钢和马氏体耐热钢。

(3) 不锈钢焊条。主要用于焊接不锈钢和耐热钢，可分为铬不锈钢焊条和铬镍不锈钢焊条两类。

(4) 堆焊焊条。主要用于堆焊，以获得具有热硬性、耐磨性及耐蚀性的堆焊层。

(5) 低温钢焊条。主要用于焊接在低温下工作的结构，其熔敷金属具有不同的低温工作性能。

(6) 铸铁焊条。主要用于焊补铸铁构件。

(7) 镍及镍合金焊条。主要用于焊接镍及高镍合金。

(8) 铜及铜合金焊条。主要用于焊接铜及铜合金。

(9) 铝及铝合金焊条。主要用于焊接铝及铝合金。

(10) 特殊用途焊条。例如用于满足水下焊接、水下切割等特殊工作的需要。

2. 焊丝

(1) 焊丝的分类

按照适用的焊接方法可分为埋弧焊焊丝、CO_2 焊焊丝、钨极氩弧焊焊丝、熔化极氩弧焊焊丝、自保护焊焊丝及电渣焊焊丝等。

按照焊丝的形状结构可分为实心焊丝、药芯焊丝及活性焊丝等。

按照适用的金属材料可分为低碳钢、低合金钢用焊丝、硬质合金堆焊焊丝以及铝、铜与铸铁焊丝等。

(2) 焊丝的标准

焊丝的型号是以国家标准为依据进行划分的。有关焊丝的现行国家标准主要有：

《铸铁焊条及焊丝》GB/T 10044；

《熔化焊用钢丝》GB/T 14957；

《气体保护焊用钢丝》GB/T 14958；

《气体保护电弧焊用碳钢、低合金钢焊丝》GB/T 8110；

《焊接用不锈钢丝》YB/T 5092；

《碳钢药芯焊丝》GB/T 10045；

《低合金钢药芯焊丝》GB/T 17493；

《不锈钢药芯焊丝》GB/T 17853。

3. 焊剂

（1）焊剂分类

- 按制造方法可分为熔炼焊剂、烧结焊剂、粘结焊剂三大类。
- 按化学成分可分为高锰焊剂、中锰焊剂、低锰焊剂和无锰焊剂。
- 按化学特性可分为酸性焊剂、碱性焊剂和中性焊剂。
- 按焊剂用途可分为埋弧焊焊剂和电渣焊焊剂。

（2）目前国内主要标准

《埋弧焊用碳钢焊丝和焊剂》GB/T 5293；

《低合金钢埋弧焊用焊剂》GB/T 12470。

4. 保护气体

指在焊接过程中用于保护金属熔滴、焊接熔池及焊接区的高温金属免受外界有害气体侵袭的气体。可分为惰性气体和活性气体两类。

惰性气体：包括氩气、氦气、氮气及其混合气体，用以焊接有色金属、不锈钢和质量要求高的低碳钢和低合金钢。

活性气体：包括 CO_2 以及含有 CO_2、O_2 的混合气体，主要用于碳钢和低合金钢的焊接。

惰性气体与活性气体的混合气体：如 $Ar+CO_2$、$Ar+CO_2+O_2$ 等。

三、焊接方法及工艺参数

1. 焊条电弧焊（SMAW）

（1）焊条电弧焊的优点：工艺灵活、适应性强、热影响区小、质量好、易于通过工艺调整来控制变形和改善应力、设备简单、操作方便。

（2）焊条电弧焊的不足：对焊工要求高、劳动条件差、生产率低。

（3）工艺参数：焊条种类和牌号、焊接电源种类和极性、焊条直径、焊接电流、电弧电压、焊接速度、焊接层数。

2. 埋弧焊（SAW）（见图 1-1）

（1）埋弧焊的优点：生产率高、焊接规范稳定、熔池保护效果好、质量好、省材省电、劳动条件好。

（2）埋弧焊的不足：适于近乎水平位置的焊接、难焊易氧化金属、适于长直工件和厚件的焊接、设备复杂。

（3）工艺参数：焊丝种类、焊接电源种类和极性、焊丝直径和干伸长、焊接电流和弧压、焊接速度、焊丝倾角、焊剂层厚度与粒度。

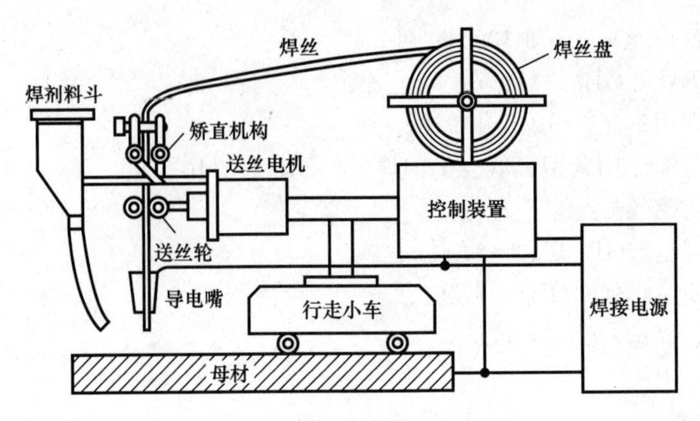

图 1-1　埋弧焊（SAW）设备

3. 熔化极气体保护焊（GMAW）（见图 1-2）

（1）熔化极气体保护焊的优点：生产率高、易于实现焊接过程的自动化和全位置焊接；对于 CO_2 焊，其抗锈能力强；对于富氩焊，其电弧稳定，可焊材质范围广，焊接质量高。

（2）熔化极气体保护焊的不足：抗风能力差；对于 CO_2 焊，难焊易氧化金属且成形不美观。

（3）工艺参数：焊丝种类、焊接电源种类和极性、焊丝直径和干伸长、焊接电流和弧压、焊接速度、焊丝倾角、保护气体成分和流量、喷嘴孔径和高度，对于自动焊还要考虑摆幅、摆频、边缘停留时间参数。

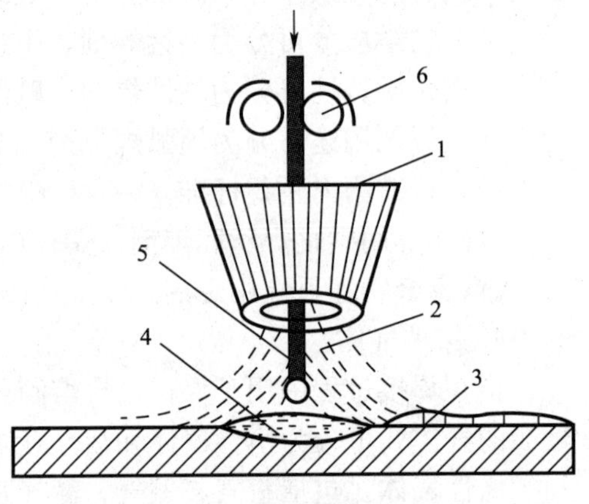

图 1-2　熔化极气体保护焊（GMAW）示意图
1—喷嘴；2—保护气体；3—焊缝；4—熔池；5—焊丝；6—送丝滚轮

4. 自保护焊（FCAW）（见图 1-3）

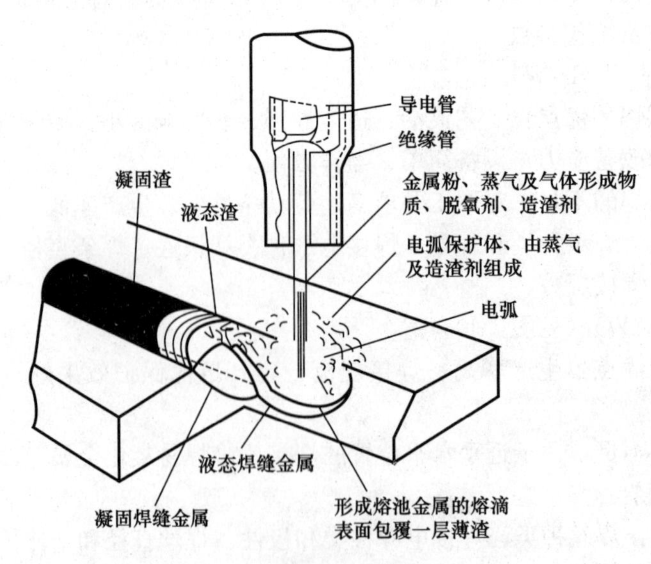

图 1-3　自保护焊（FCAW）示意图

（1）自保护焊 FCAW 的优点：保护效果好、焊接质量高、抗风能力强、可焊材质范围广、和手弧焊相比效率高、适于全位置下向焊接。

（2）自保护焊 FCAW 的不足：有一定的飞溅、焊接烟雾较大。

（3）工艺参数：焊接电源种类和极性、焊接电流（送丝速度）、电弧电压、焊接速度、填充焊丝类别和规格、焊丝倾角、干伸长。

5. 钨极氩弧焊（TIG）（见图 1-4）

（1）钨极氩弧焊（TIG）的优点：电弧稳定、保护效果好、焊接质量高、易于实现焊接过程的自动化和全位置焊接、可焊材质范围广、适于薄板焊接。

（2）钨极氩弧焊（TIG）的不足：抗风能力差、高频影响、效率低、易导致夹钨缺陷。

（3）工艺参数：焊接电源种类和极性、焊接电流和钨棒直径、电弧电压、焊接速度、填充焊丝直径、速度与倾角、保护气体成分和流量、喷嘴孔径和高度，对于自动焊还要考虑摆幅、摆频、边缘停留时间参数。

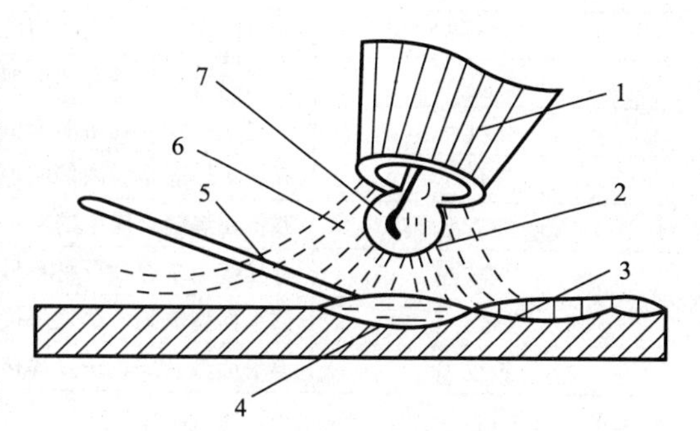

图 1-4 钨极氩弧焊（TIG）示意图
1—喷嘴；2—电弧；3—焊缝；4—熔池；5—填充金属；6—保护气；7—钨极

四、焊接缺陷与质量检验方法

1. 焊接缺陷

（1）气孔：包括内部气孔、表面气孔和焊缝接头气孔。内部气孔有两种形状——球形气孔和虫形气孔。球形气孔产生于焊缝中部，主要是由于焊接电流过大和电弧过长以及运弧速度过快等原因造成的。虫形气孔产生于焊缝根部，主要是由于焊接电流不足、焊接部位有油污和铁锈等原因引起的。在焊缝表面出现气孔的主要原因是：焊接电流过大，后部焊条变红而产生气孔；低氢型焊条未烘干；焊接部位有油污和铁锈等。

（2）裂缝：焊缝金属产生的裂缝有三种：刚性裂缝、碳与硫元素造成的裂缝和毛细裂缝。管道焊缝多出现刚性裂缝，它主要是由于寒冷季节温度过低、焊缝金属冷却过快而引起的。

（3）咬边：它是指基本金属和焊缝金属交界处的沟槽。原因是焊接速度过快、电弧电压过低和焊丝（焊条）运条不到位。

（4）焊瘤：指焊缝边缘上与基本金属熔合的堆积金属。

（5）弧坑：指焊缝接头处低于基本金属的弧坑。它是因为电流过低、焊接速度过快、焊丝（焊条）与管子的切线夹角过小、坡口间隙过大造成的。

（6）夹渣：即焊渣夹在焊缝金属中。防范措施：用钢丝刷清理每层焊道表面，手工根焊时用电动砂轮机清理，但不可过度。

（7）烧穿：烧穿是因为电流过高、焊接速度过慢、焊丝（焊条）与管子的切线夹角过大。

（8）焊缝高度和宽度超高：焊缝高度和宽度超高是因为电流过小、焊接速度过慢。

（9）未焊透：未焊透包括根部未焊透和错边未焊透。根部未焊透是因为电流过低、电压过高、焊接速度过快、焊丝（焊条）运条未到位；错边未焊透是因为对口错边量过大。

焊接缺陷如表 1-2 所示。

焊接缺陷种类及特征 **表 1-2**

缺陷种类	特　征
焊缝外形尺寸及形状的缺陷	焊缝外形尺寸（如焊缝长度、宽度、余高、焊脚等）不符合要求，焊缝成形不良
焊接接头几何尺寸的缺陷	焊接接头出现错边、角变形
咬边	在焊接区形成凹下的沟槽
焊瘤	焊缝边缘或焊缝根部出现未与母材熔合的金属堆积物
弧坑	焊缝末端收弧处熔池未填满，凝固后形成凹坑
气孔	存在于焊缝金属内部或表面的孔穴
夹渣	残留在焊缝金属中的宏观非金属夹杂物
未焊透	焊接接头中存在母材与母材之间未完全焊透的部分
未熔合	属平面型缺陷，诱发焊接接头破裂，失效，存在于焊缝或热影响区的内部或表面
裂纹	属平面型缺陷，诱发焊接接头破裂，失效，存在于焊缝或热影响区的内部或表面

2. 焊前检验

焊接检验的第一个阶段，包括检验焊接产品图样和焊接工艺规程等技术文件是否齐备；检验焊接基本金属、焊丝、焊条型号和材质是否符合设计或规定的要求；检验焊接坡口的加工质量和焊接接头的装配质量是否符合图样要求；检验焊接设备及其辅助工具是否完好，接线和管道连接是否合乎要求；检验焊接材料是否按照工艺要求进行去锈、烘干、预热等。焊前检验还有对焊工操作水平的鉴定。

焊前检验的目的是预先防止和减少焊接时产生缺陷的可能性。

3. 焊接过程中的检验

焊接检验的第二阶段，主要是依靠焊工在整个操作过程中来完成，它包括检验在焊接过程中焊接设备的运行情况是否正常、焊接工艺参数是否正确；焊接夹具在焊接过程中的夹紧情况是否牢固；在施行埋弧自动焊时的焊剂衬垫效果，以及电渣焊冷却成形滑块在移动时是否出现漏渣；在操作过程中可能出现的未焊透、夹渣、气孔、烧穿等焊接缺陷等。

焊接过程中检验的目的，是为了防止由于操作原因或其他特殊因素的影响而产生的焊接缺陷，且便于及时发现并加以去除。

4. 焊后检验

根据产品的使用要求和图样的技术条件进行检验。

(1) 外观检查

利用低倍放大镜或肉眼观察焊缝表面是否有咬边、夹渣、气孔、裂纹等表面缺陷。

用焊接检验尺测量焊缝余高、焊瘤、凹陷、错边等。

用样板和量尺测量焊件收缩变形、弯曲变形、波浪变形、角变形等。

(2) 致密性试验

1) 气密性试验

在密闭容器中，通入远低于容器工作压力的压缩空气，在焊缝外测涂上肥皂水，如果焊接接头有穿透性缺陷时，由于容器内外气体的压力差，肥皂水就有气泡出现。这种检验方法常用于受压容器接管加强圈的焊缝。

2）氨气试验

被试容器通入含1%体积（在常压下的含量）氨气的混合气体，并在容器的外壁焊缝表面贴上一条比焊缝略宽、用5%硝酸汞水溶液浸过的纸带，当将混合气体加压至所需的压力值时，若焊缝或热影响区有不致密的地方，氨气就会透过这些地方，并作用在浸过硝酸汞溶液试纸的相应部位上，致该处呈现出黑色斑纹，根据这些斑纹便可确定焊接接头的缺陷部位。这种方法比较准确、迅速，同时可在低温下检查焊缝的致密性。氨气试验常用于某些管子或小型受压容器。

3）煤油试验

在焊缝表面（包括热影响区部分）涂上石灰水溶液，待干燥后便呈一白色带状，再在焊缝的另一面仔细地涂上煤油。由于煤油的黏度和表面张力很小，渗透性很强，具有透过极小的贯穿性缺陷的能力，当焊缝及热影响区上存在贯穿性缺陷时，煤油能透过去，使涂有石灰水的一面显示出明显的油斑点或带条状油迹。检查工作要在涂煤油后立即开始，发现油斑及时将缺陷标出。

煤油试验的持续时间与焊件板厚，缺陷大小及煤油量有关，一般为15～20min。试验时间通常在技术条件中标出，如果在规定时间内，焊缝表面未显现油斑，可评为焊缝致密性合格。

（3）强度试验

1）水压试验

试验压力大小一般为容器工作压力的1.25～1.5倍。当水压达到试验压力最高值后，持续10～15min，之后再将压力缓缓降至容器工作压力。用0.5kg圆头小锤在距离焊缝15～20mm处，沿焊缝方向轻轻敲打，同时仔细检查焊缝。若发现潮湿或渗水现象时及时标注。主要用于高压容器的致密性检验。

2）气压试验

试验时，先将气压加至产品技术条件的规定值，然后关闭进气阀，停止加压。用肥皂水涂在焊缝上，检查焊缝是否漏气，或者工作压力表数值是否下降。气压试验比水压试验更为准确和迅速，但存在一定的危险性。

（4）焊缝无损检测方法

1）荧光检验

将溶有荧光染料的渗透剂渗入工件表面的微小裂纹中，清洗后涂吸附剂，使缺陷内的荧光油液渗出表面，在紫外线灯照射下显现黄绿色荧光斑点或条纹，从而发现和判断缺陷。主要适用于不锈钢、铜、铝及镁合金等非磁性材料焊件表面缺陷的检测。

2）渗透探伤

着色渗透探伤是无损检测技术中最简便而又有效的一种常用检测手段，它对危及金属、非金属材料制件寿命和压力容器安全的危险缺陷，如焊接裂缝、疲劳裂缝、应力腐蚀裂缝、磨削裂缝、淬火裂缝等表面开口性缺陷的检测具有显示灵敏、结论迅速、重复性和直观性好的独特优点。

预清洗：用清洗剂将被检工件表面的污物（氧化皮、铁锈、油脂等）完全清洗干净。

渗透：放置5～10min待工件和试块表面干燥后，施加渗透剂，喷嘴应距工件和试块表面20～30mm，渗透时间应根据使用说明，一般为5～15分钟，这期间应保持探伤面被渗透剂充分湿润。

清洗：用清洗剂或水（水压≤1.5kg/cm^2）将工件表面的渗透剂擦洗干净。

显像：将显像剂充分摇匀后，对被检工件保持距离300mm处均匀喷涂，喷涂显像剂后，片刻即可观察缺陷。

渗透探伤过程见图1-5。

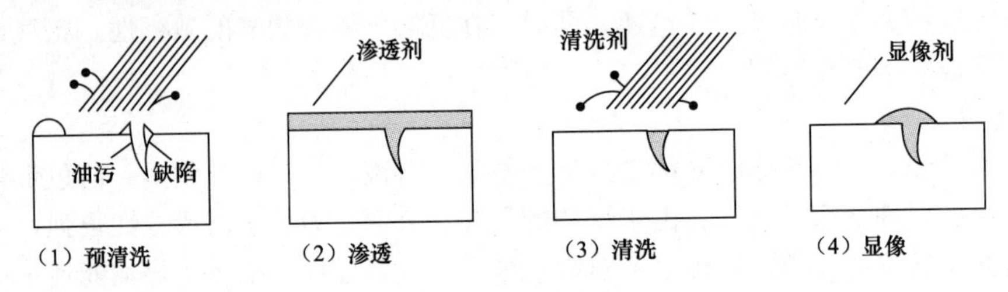

图1-5　渗透探伤过程

3）磁粉检验

磁粉检验主要是用来检查铁磁材料表面或近表面的裂纹、夹渣等缺陷。将待测物体置于强磁场或通电流使之磁化，若物体表面或表面附近有缺陷（裂纹，夹杂物）的存在，由于他们是非铁磁性的，对磁力线通过的阻力很大，磁力线在这些缺陷附近会产生漏磁。当将导磁性良好的磁粉施加在物体上时，缺陷附近的漏磁场就会吸住磁粉，堆集形成可见的磁粉痕迹，从而把缺陷显示出来。

4）射线照相法（RT）

是指用X射线或γ射线穿透试件，以胶片作为记录信息的器材的无损检测方法，该方法是最基本的、应用最广泛的一种非破坏性检验方法。

射线照相检验法的原理：射线能穿透肉眼无法穿透的物质使胶片感光，当X射线或γ射线照射胶片时，与普通光线一样，能使胶片乳剂层中的卤化银产生潜影，由于不同密度的物质对射线的吸收系数不同，照射到胶片各处的射线能量也就会产生差异，便可根据暗室处理后的底片各处黑度差来判别缺陷。

射线照相法的特点：射线照相法的优点和局限性总结如下：

① 可以获得缺陷的直观图像，定性准确，对长度、宽度尺寸的定量也比较准确；

② 检测结果有直接记录，可长期保存；

③ 对体积型缺陷（气孔、夹渣、夹钨、烧穿、咬边、焊瘤、凹坑等）检出率很高，对面积型缺陷（未焊透、未熔合、裂纹等），如果照相角度不适当，容易漏检；

④ 适宜检验厚度较薄的工件而不宜较厚的工件，因为检验厚工件需要高能量的射线设备，而且随着厚度的增加，其检验灵敏度也会下降；

⑤ 适宜检验对接焊缝，不适宜检验角焊缝以及板材、棒材、锻件等；

⑥ 对缺陷在工件中厚度方向的位置、尺寸（高度）的确定比较困难；

⑦ 检测成本高、速度慢；

⑧ 具有辐射生物效应，能够杀伤生物细胞，损害生物组织，危及生物器官的正常功能。

5）超声波检测（UT）

超声波检测的定义：通过超声波与试件相互作用，就反射、透射和散射的波进行研究，对试件进行宏观缺陷检测、几何特性测量、组织结构和力学性能变化的检测和表征，并进而对其特定应用性进行评价的技术。

超声波工作的原理：主要是基于超声波在试件中的传播特性。

超声波检测的优点：

① 适用于金属、非金属和复合材料等多种制件的无损检测；

② 穿透能力强，可对较大厚度范围内的试件内部缺陷进行检测，如对金属材料，可检测厚度为1～2mm的薄壁管材和板材，也可检测几米长的钢锻件；

③ 缺陷定位较准确；

④ 对面积型缺陷的检出率较高；

⑤ 灵敏度高，可检测试件内部尺寸很小的缺陷；

⑥ 检测成本低、速度快，设备轻便，对人体及环境无害，现场使用较方便。

超声波检测的局限性：

① 对试件中的缺陷进行精确的定性、定量仍须作深入研究；

② 对具有复杂形状或不规则外形的试件进行超声检测有困难；

③ 缺陷的位置、取向和形状对检测结果有一定影响；

④ 材质、晶粒度等对检测有较大影响；

⑤ 以常用的手工A型脉冲反射法检测时结果显示不直观，且检测结果无直接见证记录。

超声检测的适用范围：

① 从检测对象的材料来说，可用于金属、非金属和复合材料；

② 从检测对象的制造工艺来说，可用于锻件、铸件、焊接件、胶结件等；

③ 从检测对象的形状来说，可用于板材、棒材、管材等；

④ 从检测对象的尺寸来说，厚度可小至1mm，也可大至几米；

⑤ 从缺陷部位来说，既可以是表面缺陷，也可以是内部缺陷。

1.1.2 设备施工吊装技术

一、设备吊装基础知识

1. 设备吊装的有关定义

《石油化工工程起重施工规范》SH/T 3536确立了以下定义：

(1) 设备：起重施工作业工件质量大于100t或工件安装高度大于60m的塔类设备和塔式构架的统称。

(2) 压制钢丝绳绳索：钢丝绳的环套用铝合金套管通过压套机压制固结的钢丝绳绳索。

(3) 无接头钢丝绳索：以一根一定直径的钢丝绳为子绳按所需周长绕成的只有一个子绳接头的多股绳圈，是一种特种形式的钢丝绳索具，也叫无端头钢丝绳索。

(4) 合成纤维吊装带：由高韧性的合成纤维连续多丝编制而成的柔性吊装用的索具。

(5) 吊梁：起重施工作业用于平衡负载的吊装工具。

有的工程也根据工程特点将质量大于50t的设备规定为设备。

2. 几种常用起重机

(1) 桥式起重机

这种起重机主要用于车间、库房，也可用于露天仓库，但需要高架以敷设轨道。它的优点是不占工作场所的地面，不妨碍工地上的交通。它的工作范围是一个长方形，宽是起重机宽度，长是最大行驶距离。它由主梁、在主梁上行驶的小车及其他行驶机构等附属机构组成。由于它是空中行驶，对地面上的设备和人员有密切关系，尤其吊运炽热的钢水，如果操作不当或卷扬机的部件突然损坏都可能造成严重事故。

桥式起重机应按额定载重量超过25%的负重做静载荷试验，重物提升约100mm，停留10分钟，试验时主梁的挠度不能存在永久变形。

桥式起重机应有的安全装置：

1）在轨道两端装有车挡架：在主梁两端头装一块缓冲木块，减小大车行至终端时的冲击。

2）限制小车路程的自动开关器：在一般作业中可不采用，仅在繁重工作如钢铁厂内的起重机中才采用，小车超过终止位置的现象由缓冲器来控制。一般缓冲器用硬木做成。

3）在卷扬机构中装有吊钩限制器：防止吊钩超过最大许可的高度，如吊钩超过限位，电流即中断，重物能自动停止。

（2）履带式起重机

履带式起重机是将起重机安装于专用底盘上，其行走机构和吊装作业的支撑均为履带，履带的支撑面积较大，可以支撑较大载荷。因此，一般大型起重机较多采用履带式，履带式起重机对地面的要求也相对较低，并可在一定程度上带载行走。但其行走速度较慢，且履带会破坏公路路面，转移场地时须要拖车。履带式起重机的使用效率也比采用箱型臂的汽车式起重机低。

履带式起重机由底盘、回转台、发动机、卷扬机、滑轮组、起重臂、平衡重及履带等部件组成。

履带式起重机的稳定性是保证起重机安全操作的主要条件，这类起重肇事60%以上由于稳定性引起。

其履带对地面的压强，当空车停放时为0.8～1MPa，当空车行驶时为1～1.9MPa，当起重时为1.7～3MPa。因此，对现场道路，应有一定的要求。通常起重时道路不好，采用枕木或走道板等措施，以保证起重机作业的安全。

（3）轮胎式和汽车式起重机

轮胎式起重机的工作装置基本与履带式起重机相同，是将起重机安装于专用底盘上，其行走机构为轮胎，吊装作业的支撑为支腿，行走机构与汽车式基本相同。它的优点是运行速度较履带式起重机快，转移方便，可在公路上行驶。这种起重机不适合在松软或泥泞的地面工作。它的起重高度、起重量较履带式起重机小，适于轻型厂房或装卸作业。目前国产QL—40型轮胎式起重机，最大臂长42m，行走比汽车式慢，比履带式快，一般在4.5～9km/h。

汽车式起重机是将起重机安装于标准汽车的底盘上或特别底盘的一种起重机，其行驶的驾驶室与起重驾驶室分开，优点与轮胎式相同。吊装时，靠四个支腿将起重机支撑在地面上，以增加稳定性和减轻轮胎受载，其行走速度更快，可达到60km/h，并且不破坏公路路面。但一般不可在360°范围内进行吊装作业，其吊装区域受到限制，对地面支撑能力的要求也更高。一般不应带载荷行驶。汽车式在满负荷转杆时，当地面倾斜或路基不良、撑脚下沉时，易造成翻车事故。另外，违章斜吊时，斜吊还产生水平拉力，它对起重机稳定性是一个不利因素。进口的日本多田野、加腾 40t，日本思特 70t、127t 液压汽车式起重机在满载时，转台向左右回转范围不宜超过 90°，满载荷时，应尽量避免将重物提升较高位置回转，不得吊着载荷行驶。

（4）门式起重机

一般用于露天预制构件场内的堆放和装卸工作，它可吊起重物并作短距离运输。它由主梁、立柱、卷扬机构、行车机构等部分组成，跨度随起重量等条件的不同，一般为 5～30m，门高 5～10m，为了减少跨度，可在一端或两端加长伸出臂。如跨度很小，而伸出臂相当长时，它的稳定条件特别不好，容易倾覆，因此必须在支柱的足架上（车轮架）加平衡重。计算稳定性时要考虑风力的影响。

（5）塔式起重机

塔式起重机是一种塔身竖立、起重臂回转的起重机，根据结构不同，有下旋式和上旋式两种。高塔身的塔式起重机。为了便于运输和架设，塔身可做成自伸式，使用时塔身分段附着在建筑物上，以增加稳定性。

这种起重机的工作特点是：塔身较高；行走、起吊、回转等作业可以同时进行。这类起重机比较突出的大事故是“倒塌”、“折臂”及装拆时发生事故。

3. 常用起重绳索与吊具

（1）绳索

绳索在起重吊运工作中专门用来捆绑、搬运和提升物件，常用的绳索有麻绳、化学纤维绳和钢丝绳。

1）麻绳。麻绳可分为白棕绳、混合麻绳和线麻绳三种。其中白棕绳的强度较高，使用较广。

2）化学纤维绳。主要有尼龙绳和涤纶绳两种，具有质量轻、柔软、耐腐蚀、弹性好等特点。通常用于吊挂表面光洁或表面不允许磨损的机件和设备。

3）钢丝绳。钢丝绳普遍用于起重机的起升、变幅和牵引机构。还可用作桅杆起重机的张紧绳、缆索起重机与架空索道的支承绳等。在起重吊运作业中，常常被用来捆扎构件、物料和用作索具。

（2）吊具

在起重吊运工作中需要各种形式的吊具。常用的有吊索（千斤顶）、卸扣、吊钩吊环、平衡架和滑轮等。吊具应构造简单、使用方便、容易拆卸，以达到节省人力和时间，并保证起重吊运工作安全可靠。

1）吊索。是用钢丝绳制成的一种吊具。

2）卸扣。卸扣用以连接起重滑轮和固定吊索，是吊装工作的重要工具之一，通用的有销子式和螺旋式两种。

3）吊钩和吊环。是应用最广的吊具。吊钩有单钩和双钩两种。吊环是具有环形的封闭外形，常用于起重量很大的起重机上。为了使用方便，一般在吊装重型设备和专用起重机中采用铰节吊环。

4）平衡梁。吊装屋架、大型电机转子等物件，既要保证物件平衡，又要保证物件不致被绳索擦坏，一般采用平衡梁（俗称铁扁担）进行吊装。这种吊装方法简便，安全可靠，它能承受由于倾斜吊装产生的水平分力，减少起吊时物件承受的压力，改善吊耳的受力情况，因而物件不会出现危险的变形，而且还可缩短吊索的长度，减小起吊高度。平衡梁可做成横梁式、三角式、H形等。

5）滑轮和滑轮组。是起重吊运工作中重要工具之一。

二、设备施工吊装技术

1. 总则

（1）对具体工程的设备，施工单位根据施工吊装的设备技术数据、单位技术装备、技术素质、现场环境等方面的条件，从几种方法中选择合适的吊装工艺。在有依据并采取有效安全措施的情况下，也可以选择更可靠的吊装方法。

（2）所有吊装索具必须有出厂质量证明文件，不得使用无质量证明文件或实验不合格的吊装索具。

（3）设备吊装工程必须编制吊装方案。方案在实施过程中必须接受安全质量部门的监督检查。

（4）参加吊装工程施工人员，应取得“特种作业操作证”。

2. 设备施工吊装程序和内容

（1）技术准备

1）投标阶段提出设备吊装规划；中标后将吊装规划列入吊装施工作业中。

2）吊装工程开工前，完成设备吊装方案编制及审批工作，吊装方案内容包括：

① 编制说明及依据。

② 工程概况：工程特点；吊装参数表。

③ 工艺设计：a. 吊装设备工艺参数和要求，吊装计算结果；b. 起重机具安装、拆除工艺要求；c. 设备吊点位置及结构图，吊装平立面布置图；d. 现场设备及相关专业交叉作业计划和情况。

④ 技术要求：工艺岗位分工，安全技术措施，机具试验。

⑤ 作业要求：吊装机具安装程序，工艺特点及作业质量标准，吊装设备检查的项目与要求，正式吊装的施工程序与工艺要求及作业质量标准。

3）编制吊装平面图和吊装施工图。

（2）机具准备

1）起重机具出库前，机械责任人员应该检查机具员提交的机具维修，使用检查记录。确认其技术性能。必要时应进行解体检查。合格后方可出库。

2）进入吊装现场的吊装机具、索具及材料应有指定存放位置并由专人验收和保管，对每件机具、索具及材料应及时作出标识，说明其规格、型号及使用部位。

3）起重机具的运输路线、卸车位置必须正确。

（3）现场准备

1）吊装现场的场地、道路、施工用电，设备运输路线，桅杆安装位置，吊车工作位置，行车路线及地耐力等要符合要求。

2）起重机具安装时，应认真填写吊装工艺卡。

3）钢丝绳的设置应符合要求。

4）卷扬机，桅杆的设置应符合要求。

5）施工单位应根据现场的土质情况和吊装工艺要求，选用地锚结构形式。

6）吊耳的结构形式应根据设备的特点及吊装工艺确定，重型反应器顶部单吊点宜选用顶板式吊耳。塔类设备的吊点，宜选用管式吊耳，对整体供货的设备，吊耳的焊接应在制造厂完成。

(4) 桅杆吊装工艺

1）桅杆的安装

① 桅杆的组对应符合下列要求：

a. 桅杆的组对以桅杆底座位置为基础，确定各节支撑位置，支撑结构应满足工艺要求，并按节号与规定方向组对；

b. 桅杆直线度偏差不大于桅杆高度的1/1000，门式桅杆组合的平面度偏差不应大于桅杆高度的1/1000；

c. 桅杆节点螺栓应均匀把紧，且符合桅杆使用说明书规定值。

② 桅杆拖拉绳设置应符合下列要求：

a. 直立单桅杆顶部拖拉绳设置数量应为6～8根，门式桅杆顶部拖拉绳数量不少于6根，拖拉绳与地面的夹角宜小于30°最大不得超过45°；

b. 拖拉绳使用的安全系数不得小于3.5倍，使用长度应按绳完全松弛状态加上10m的余量；

c. 用于拖拉绳收紧或放松的滑车组，可采用天滑车和地滑车两种形式。

③ 桅杆主提升滑车组设置应符合下列要求：

a. 上部定滑车组与桅杆顶部吊梁的连接，应采用捆绑钢丝绳进行柔性连接；

b. 捆绑钢丝绳受力股数不得多于8弯16股，且排列有序，不得相互挤压；

c. 捆绑钢丝绳使用的安全系数不得小于6倍，大于6股的不得小于8倍。

④ 桅杆吊装的主牵引卷扬机设置应符合下列要求：

a. 卷扬机多台同一工艺岗位宜集中管理，且有棚和垫木等防护设施；

b. 卷扬机走绳应直接进入卷扬机，在卷筒上应均匀缠紧，走绳与设备、地面索具不能交叉；

c. 各台卷扬机的规格、型号宜相同。

⑤ 滑移法竖立桅杆方法：

a. 单吊车提升滑移法；

b. 双吊车抬吊滑移法；

c. 辅助桅杆提升滑移法；

d. 利用设备或构筑物做辅助提升滑移法。

⑥ 扳转法竖桅杆有下列方法：

a. 吊车抬头单转法；

b. 辅助桅杆单转法；

c. 门式桅杆扳转法。

⑦ 桅杆找正应符合下列要求：

a. 直立桅杆垂直度偏差不大于其高度的1/1000；

b. 组合式桅杆平面度偏差不大于其高度的1/1000；

c. 桅杆各节点拖拉绳受力情况应符合要求。

2）桅杆滑移法吊装

① 滑移法吊装工艺流程：

见图 1-6。

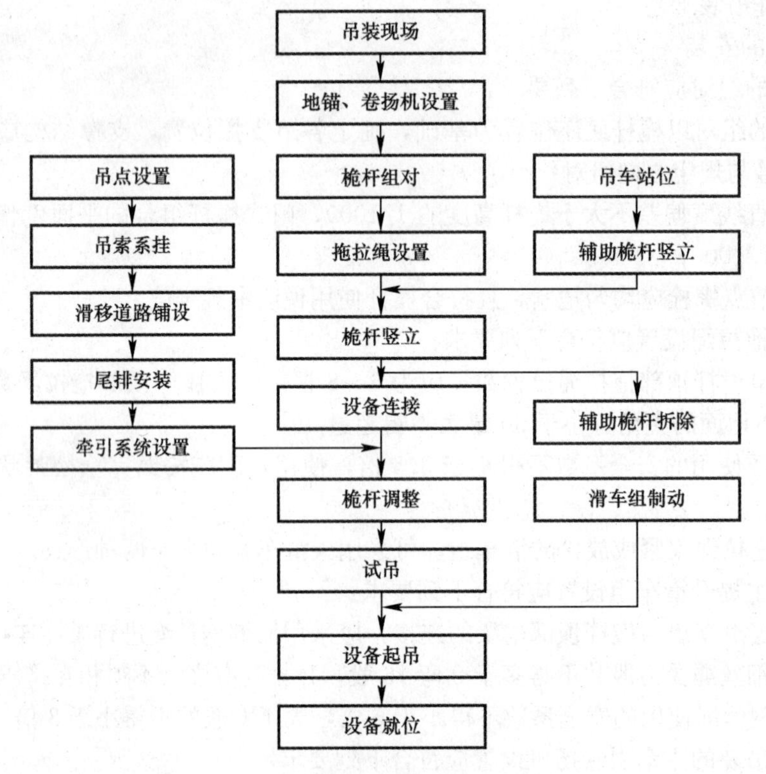

图 1-6　滑移法吊装工艺流程图

② 主要吊装方法：

a. 倾斜单桅杆滑移法；

b. 双桅杆抬吊滑移法（高设备低桅杆、低设备高桅杆、高基础双桅杆）；

c. 门式桅杆滑移法。

3）桅杆扳转法吊装

① 扳转法工艺特征是在设备自身结构强度和基础的承载能力满足吊装要求的条件下，以设备底铰为支点，并通过设备上的吊点施加扳转力，使待吊设备平卧状态逐步回转到临界自转状态，再由后溜滑车组将其溜放到直立状态。

② 桅杆扳转法吊装有下列方法：

a. 单桅杆单转法；

b. A 型桅杆双转法；

c. 门式桅杆推举法。

③ 桅杆扳转法吊装工艺适用于下列情况：

a. 低基础立式圆筒形设备；

b. 构架式塔架；

c. 桅杆。

(5) 吊车吊装工艺

1) 工艺要求

① 采用吊车吊装设备有下列方法:

a. 吊车单滑法;

b. 吊车抬吊法。

② 吊车滑移法吊装工艺是采用单主吊车或双主吊车提升卧式设备上部，同时采用尾排移送设备底部。尾排对设备的支撑力为零时，设备脱离尾排，待设备竖直稳定后，主吊车继续提升或回转，将设备吊运到安装位置就位。

③ 吊车抬吊法吊装工艺是采用单主吊车或双主吊车提升卧式设备上部，同时采用单辅助吊车或双辅助吊车抬送设备下部。当设备仰角70°～75°时，辅助吊车松吊钩，待设备竖直稳定后，主吊车继续提升或回转，将设备吊运到安装位置就位。

④ 吊车吊装应符合下列规定:

a. 设备吊装质量应小于吊车在该工况下的额定起重量;

b. 设备与吊臂之间的安全距离应大于200mm;

c. 吊钩与设备及吊臂之间的安全距离应大于100mm;

d. 吊装过程中，吊车、设备与周围设施的安全距离应大于200m;

e. 双主吊车吊装时，两台吊车起重能力宜相同，若不同时应按起重能力较小的吊车计算起重量，且每台吊车只能按在该工况75%的承载能力使用;

f. 吊装过程中，吊钩偏角应小于3°;

g. 吊车滑移法吊装工艺时，尾排移送应符合标准规定。

吊车吊装工艺流程见图1-7。

2) 吊车选择

吊车选择应综合考虑以下因素:

a. 吊车性能数据;

b. 设备技术数据;

c. 吊装环境;

d. 安全技术要求;

e. 施工技术装备;

f. 施工人员技术素质;

g. 施工工期及施工进度;

h. 施工成本及经济效益。

3. 设备吊装主要安全质量规定

(1) 设备吊装施工准备和实施过程中，必须建立“吊装施工安全质量保证体系”，并运转正常；设备正式吊装之前必须进行试吊。

(2) 自制、改造和修复的吊具、索具，必须有设计文件(包括图纸、计算书)，设计文件应存档。

(3) 风速大于10.8m/s的大风或大雾、大雪、雷雨等恶劣天气，不得进行吊装作业。

(4) 进入现场吊装人员，必须持证上岗；作业人员与吊装的设备要保持一定的安全距离。

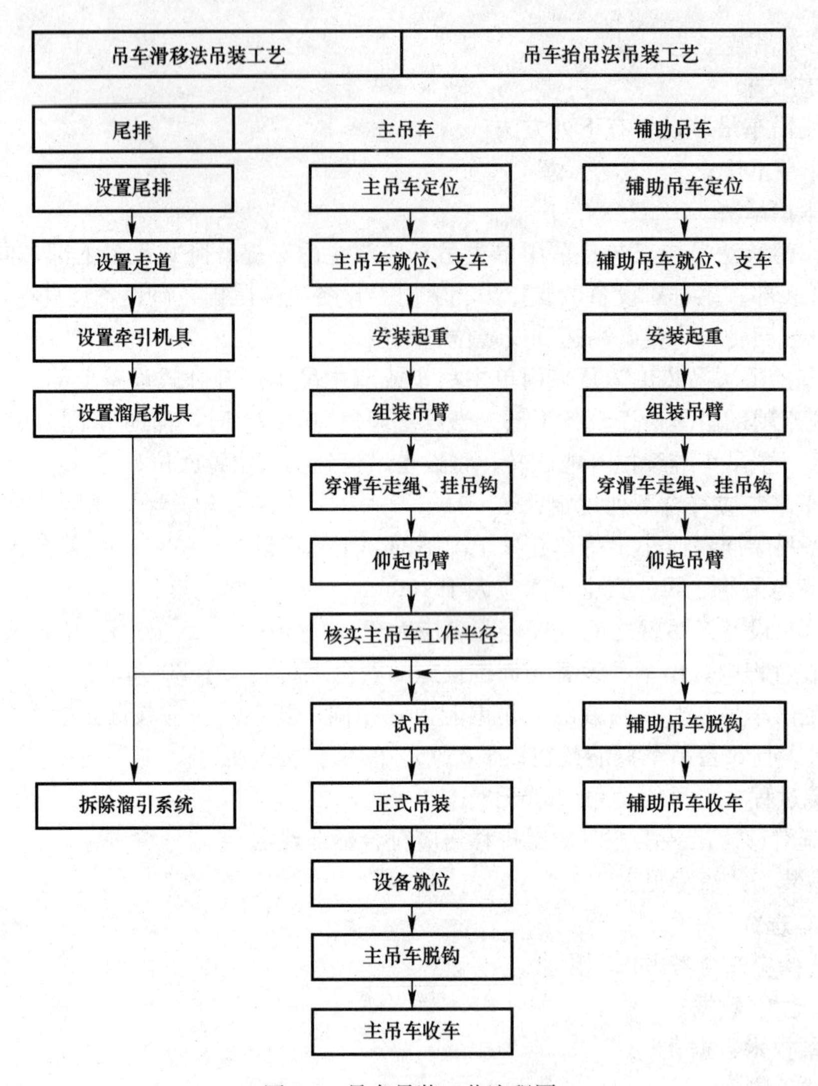

图 1-7　吊车吊装工艺流程图

(5) 吊装用的吊具、索具和各种锚点必须确认安全可靠后，方可吊装作业。

(6) 所有起吊作业人员必须严格遵守各种安全法律和法规。

三、常用起重、吊装、拖运安全技术交底

1. 垂直运输架、吊盘装置技术交底

垂直运输架担负着脚手架上施工人员、工具和材料的垂直运输任务。目前使用的有井架、龙门架、独杆提升架等。井架和龙门架的吊盘均应有可靠的安全装置，防止吊盘在运行中和停车装、卸料时发生严重事故，吊盘安全装置有：

(1) 吊盘停车安全装置是防止吊盘在装、卸料时卷扬机制动失灵而产生跌落事故的一种装置，有安全支杠和安全挂钩两种形式。目前普遍使用的是安全支杠装置，它由安全杠和安全卡两部分组成。安全卡还具有使装料、卸料平稳、方便的作用。为确保安全生产，卷扬机的制动器和吊盘停车安全支杠应联合使用，同时还应注意统一指挥升降。

(2) 吊盘钢丝绳的安全装置是由无缝钢管内装钢制的可伸缩“舌头”组成。它的作用是在吊盘钢丝绳断后的瞬间将“舌头”弹出管内，搁在井架或龙门架的横杆上，以保证吊盘不致往下跌落。

2. 卷扬机安全技术交底

（1）施工中卷扬机的安装多为临时安装，利用机座上的预留孔或用钢丝绳盘绕机座固定在地锚上。机座后部加放压铁，确保卷扬机在作业时不发生滑动、位移、倾覆现象。

（2）钢丝绳出头应从下方引出，卷筒中心应与前面的第一个导向滑轮中心线垂直，第一个导向滑轮不准使用开口滑轮，滑轮应用地锚固定，不准绑在垂直运输架上。

（3）滑轮距卷扬机至少保持 8～12m，超过 3t 的卷扬机应大于 15m。钢丝绳绕到卷筒两端，其倾角不准超过 1.5°～2°。

（4）为确保安全，起吊重物处于最低位置时，钢丝绳不应从卷筒上全部放出，除压板固定的圈数外，至少还应留有 3 圈安全圈。

（5）安装卷扬机应选择地势稍高、视野良好、地基坚实的地方。室外安装的卷扬机，应有防雨、防砸措施。一般是搭设简易工棚，工棚搭好后，应保证机手能看到被吊物件的起、落情况和地点。

（6）卷扬机的电气控制系统要设在司机身边。保证设置可靠有效，以防触电。

（7）卷扬机的司机应经培训、考核合格，持证上岗，定机定人。操作前应进行试车，要检查制动设备是否灵敏可靠，连接固件是否有松动，工作条件及安全装置是否符合要求，确认无误后方准开车。

（8）卷扬机严禁超载运行，运行时钢丝绳不准拖地。通过通道时，应加保护装置，不准人踩、车压，严禁人员跨越正在运行的钢丝绳。

（9）埋设地锚应注意事项：

1）埋设地锚应根据缆绳拉力进行必要的计算，并考虑相应的安全系数，使其具有足够的锚固力。根据计算和埋设条件，选择地锚的规格和形式。

2）地锚只允许在规定的方向受力，生根钢丝绳的方向应尽量和地锚受力方向一致。

3）地锚要埋设在干燥的地方，防止雨水浸泡。

4）严禁使用虫蛀、腐朽、开裂等木材做地锚。

5）严禁利用现场不稳固的物体、电线杆、生产运行中的设备、管道及不明吨位的构筑物代替地锚。

6）地锚在使用过程中要指派专人负责，并经常进行检查，尤其是雨后更要进行检查，发现问题要及时采取措施。

3. 各种桅杆安全技术交底

各种桅杆除严格遵守规程的安全生产有关规定外，还应遵守下列各项要求：

（1）一般要求

1）各种桅杆应在设计核定的范围内使用。

2）各种桅杆组装后，必须经过静荷载和动荷载试验，合格后方可使用。

3）搬运桅杆料时，应缓起轻放，不扔不摔，合理搁置。两人以上搬运时，左右肩和步调应一致，谨防夹手和砸脚。

4）组装桅杆时，应用芒刺对孔，严禁用手指或螺丝等代替。高空拧紧和拆卸螺丝应尽量用扳手，并且用力要适当。

5）缆风跨越马路时，其架设高度应不小于7m。缆风与高压线间应保持一定的安全距离。

6）缆风应合理布置，松紧均匀。缆风与桅杆顶连接应用卸甲，与地锚连接应用轧头，缆风数量按设计规定。

7）地锚应经计算。严禁利用树木和电杆。如确需利用柱子等时，应经验算并征得有关部门同意，并应在雨后、化冻和试吊时派人检查，发现不安全情况应及时采取措施。

8）桅杆行走道路必须平坦坚实，地面无积水，地下无孔洞，并有足够的地耐力。在楼板上使用时，楼板应经验算，必要时进行加固。

9）桅杆行走时，桅杆应稍向前倾，相邻缆风必须交错移位，180°范围内的缆风严禁同时松开。桅杆在架空跳板上行走时，应将跳板可靠固定。

10）各种桅杆在使用前，必须把桅杆脚合理固定。

11）严禁操作人员在伸臂上汇缆风，起落能左右转向的伸臂滑轮组，其两端应采用双向接头。

（2）独脚桅杆

1）独脚桅杆的允许倾斜度，一般应不大于桅杆长度与水平投影5∶1的比例。

2）定点使用的独脚桅杆，至少设六根缆风，移动使用的桅杆，缆风至少在八根以上。

（3）悬臂式桅杆

1）悬臂式的桅杆，其主杆必须垂直。带有背弓的悬臂式桅杆，主杆背弓必须按要求拉设，严禁在不拉背弓情况下使用。

2）桅杆转向时，应做到由慢到快，再由快到慢，缓起轻刹。

3）桅杆在接近满载时，一般应先转向，后降落悬臂，以免造成主杆扭曲。

（4）人字桅杆

1）人字桅杆两杆应等长等强，两杆夹角应不大于30°，跨档应相对固定。

2）缆风应前设两根，后设三根。须旁吊侧提时，必须相应增设旁缆风。

3）人字桅杆移动时，两腿速度应一致，谨防撕档或扭曲。

1.1.3 设备安装技术

一、一般动设备安装

1. 基本程序

一般动设备安装基本程序见图1-8。

2. 安装准备

（1）技术准备：根据施工图纸、规范及有关资料编制施工方案、技术措施和安装材料预算。

（2）施工人员准备：按施工组织设计和施工方案的要求合理组织、调配施工人员。在施工前对参加施工的人员进行施工技术和安全交底，使其了解装置的工艺特点、设备的性能及操作条件，熟悉施工技术方案和设备的结构，掌握施工程序、施工方法及特殊工序的操作要点。

（3）施工机具、材料准备：包括安装工具（吊装工具、拆装工具、检测工具）、垫铁及安装消耗材料准备齐全。

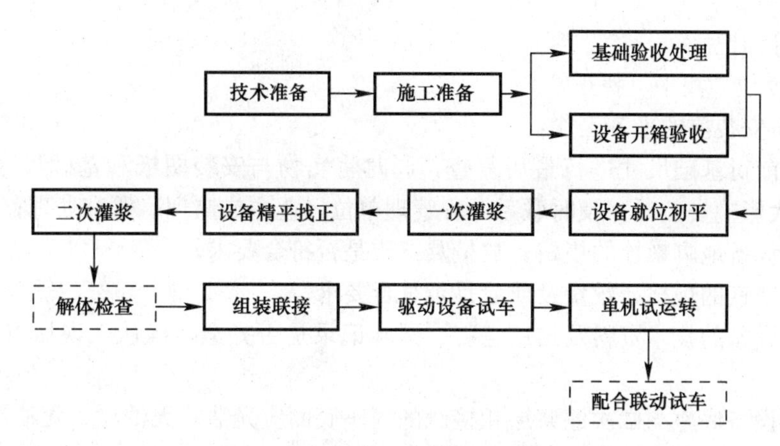

图 1-8　一般动设备安装基本程序

(4) 施工场地的准备：

1) 施工现场具备安装条件，道路畅通，设备拆检场地能蔽雨雪、挡风沙，且照明充分、通风良好；

2) 施工用水、电、气和照明具备使用条件，配备必要的消防设施。

3. 开箱检验

(1) 设备开箱检验应由工程管理单位（业主或监理）、施工单位的相关人员共同进行。

(2) 开箱检验应在合适的地点（如厂房或库房）进行，若在露天场地开箱时，必须有妥善的防雨、雪等措施。

(3) 开箱使用专用工具，并仔细、认真，确保设备及零部件不受损伤。

(4) 设备开箱检验的内容和要求如下：

1) 核对设备的名称、型号、规格是否与设计相符，并检查包装箱号、箱数及外观包装完好情况；

2) 按装箱单检查随机资料、产品合格证、零部件及专用工具是否齐全，零部件有无明显缺陷；

3) 对设备的主体进行外观检查，其外漏部分不得有裂纹、锈蚀、碰伤等缺陷；

4) 对主机及零部件的防水、防潮层包装（若有），检验完成后要进行恢复，安装时再拆除；

5) 机械的转动和滑动部件在防锈涂料未清洗前，不得进行转动和滑动；

6) 对设备检查和验收后，应作好检验记录。

(5) 验收后的设备及零部件应妥善保管，以防丢失或损坏。对设备的出入口法兰均应合理封闭，以防异物进入。

(6) 凡随机配套的电气、仪表等设备及配件，应由各专业相关人员进行验收，并妥善保管。

(7) 在施工过程中发现的设备内部质量问题，应及时与工程管理单位（业主或监理）研究处理。

4. 基础验收与处理

基础的交接验收应有工序交接资料，基础上应有明显的标高基准线、纵/横中心线及沉降观测点等标记。

5. 设备就位、找平、找正

(1) 设备安装前的准备工作：

1) 安装前对基础尺寸进行最后复查，同时将实物与安装图纸和基础尺寸进行对照，如有偏差较大影响安装时，及时联系工程管理单位（业主或监理）研究处理；

2) 检查设备地脚螺栓的规格、数量及材质是否符合要求；

3) 检查垫铁的规格、数量及质量是否符合要求；

4) 检查设备的技术资料及出厂组装、试验记录是否齐全，确认无误后方可进行设备的安装工作；

5) 检查设备底座与二次灌浆层相接触的底座底面应光洁、无油垢、无油漆等。

(2) 垫铁设置：

垫铁放置时应检查基础表面平整度，每个地脚螺栓旁至少放置一组垫铁，垫铁组应尽量靠近地脚螺栓，相邻两组垫铁间距不大于500mm，有加强筋的设备底座垫铁应垫在加强筋下面。

尽量减少每组垫铁的块数，一般不超过4块，并且不宜用薄平垫铁，最厚的放置于垫铁组下面，最薄的放在垫铁组中间。垫铁组高度一般为30～60mm。

斜垫铁必须成对使用，搭接长度不小于全长的3/4，偏斜角度不超过3°，斜垫铁下应有平垫铁。

设备调整完后，平垫铁应露出设备支座底板外缘10～20mm，斜垫铁至少比平垫铁长出10mm，垫铁组伸入设备底座面的长度应超过地脚螺栓。

(3) 选择吊点时，注意不得使设备接管或附属结构因绳索的压力或拉力受到损伤，就位后必须保证设备的稳定性。

(4) 设备就位应慢吊轻放，并注意保护地脚螺栓的螺纹部分不受损伤。

(5) 设备调整时，用垫铁或螺纹千斤顶将设备底座垫起，进行初步找正、找平。其底座纵横中心线的平面位置及标高的允许偏差应符合相关要求。

(6) 设备初找后及时进行地脚螺栓孔的灌浆工作，进行螺栓孔灌浆时，注意检查不得使螺栓歪斜以影响设备安装精度。

地脚螺栓灌浆混凝土达到75%设计强度后撤去临时垫铁，改用正式垫铁。

(7) 设备的找平工作应符合下列要求：

解体安装的设备，以设备加工面为基准，设备的纵横向水平度允许偏差为0.05mm/m。

整体安装的设备，应以进口法兰面或其他具有代表性的水平加工面为基准进行找平，水平度允许偏差：纵向为0.05mm/m，横向为0.10mm/m。

(8) 设备的精找正工作应符合下列要求：

1) 联轴器装配宜采用紧压法或热装法，不得放入垫片或冲打轴以获得紧力，影响设备运行和精找正工作；

2) 调整两轴对中时，表架必须有足够的刚性，用双表调整时，两轴应同时转动，且轴向宜使用两块表，以消除轴向窜动的影响；

3) 联轴器的对中偏差应符合机械技术文件的规定；

4) 两半联轴器之间的间隙应符合设备技术文件的规定，一般凸缘联轴器两半联轴器端面应紧密接触；滑块联轴器的端面间隙，当外径小于190mm时，为0.5～0.8mm；当外径大于190mm时，为1～1.5mm。

(9) 设备找正、找平后把紧地脚螺栓，检查垫铁组有无松动现象。用0.05mm塞尺检查垫铁之间、垫铁与设备底座之间的间隙，合格后及时进行垫铁组层间定位焊。

6. 基础二次灌浆

(1) 二次灌浆层的灌浆工作一般应在垫铁隐蔽工程检查合格，设备的最终找平、找正后24h内进行，否则在灌浆前应对设备的找平、找正数据进行复测核对。

(2) 安装就位的设备具备二次灌浆条件后及时办理工序交接，二次灌浆工作的具体要求如下：

1) 动设备二次灌浆层的高度一般为30～70mm。

2) 灌浆用细碎石混凝土的强度等级应比基础混凝土高一级。当灌浆层与设备底座面接触要求较高或设备底座与基础表面距离少于30mm时，宜采用CGM高强无收缩灌注料。

3) 灌浆处用水清洗干净并充分润透后方可进行灌浆工作。

4) 灌浆前应敷设外模板，外模板至设备底座面外缘的距离不宜小于60mm，模板拆除后应进行抹面处理。当设备底座下不需全部灌浆，且灌浆层承受设备负荷时，应敷设内模板。

5) 每台设备的灌浆工作必须连续进行，不得分次浇灌。

6) 二次灌浆抹面层外表面应平整美观，上表面略有向外的坡度，高度略低于设备支座外缘上表面。

7) 根据施工季节和环境条件做好二次灌浆层的养护工作，灌浆层强度未达到要求前，不得对设备进行任何安装和拆卸工作。

7. 设备拆检、组装

(1) 设备安装后，对技术文件或工程管理部门要求拆检的设备进行拆检和清洗。

(2) 设备拆卸前，应测量拆卸件与其他零、部件相对位置，并做出相应标记和记录。

(3) 按设备技术文件要求的顺序拆卸，并按顺序摆放整齐，零件底部应衬上塑料布防污。

(4) 零、部件拆卸时用力应均匀，如有卡涩，应用铜棒轻敲或使用静压揪子取下。

(5) 拆卸的零、部件使用煤油进行清洗。对零、部件各密封面、滑移面上的铁锈可用细砂纸或细锉打掉，然后用金相砂纸修研。清洗检查完毕后，将零、部件上密封面上涂抹防锈油。

(6) 对机械上的过油部位应仔细清洗，并用面团粘出所有杂质（包括轴瓦、轴承室/箱等）。

(7) 设备零、部件装配。

8. 附属设备安装及配管要求

(1) 附属设备按制造厂有关技术文件和规范要求进行安装。安装前应对设备进行检查，油系统的设备和阀门均应解体检查、清除内部所有污物、杂质（除制造厂要求不得解体外）。

(2) 管道与设备的接口段必须在设备找平、找正完成和基础二次灌浆后安装，固定口要选在远离设备管口第一个弯头1.5m以外，管道与机组连接过程中用百分表监视联轴器对中值的变化，转速＞6000r/min应不超过0.02mm，转速≤6000r/min应不超过0.05mm，严禁强力对口。

（3）与动设备连接的配对法兰在自由状态下应平行且同心，要求法兰平行度不大于0.10mm，径向位移不大于0.20mm，法兰间距以自由状态下能顺利放入垫片的最小间距为宜，所有螺栓要能自由穿入螺栓孔。

（4）及时安装管道支吊架，严禁将管道重量加在设备上。

9. 单机试车

试车前应具备的条件如下：

（1）设备安装完毕，各项安装记录齐全，符合规范及设备技术文件的要求，检查、确认二次灌浆达到设计强度，地脚螺栓紧固完毕，抹面工作已结束。

（2）附属设备和管道系统：

1）附属设备和管道系统安装完毕并符合规范及设计要求；

2）附属设备按要求封闭完；

3）管道系统试压、吹洗完；

4）安全阀冷态整定完。

（3）冷却水、循环水、气、汽等试车所需的公用系统施工完毕，并经试用具备投用条件。

（4）电气、仪表经校验合格，联锁保护灵敏、准确。

（5）油箱、轴承箱、齿轮箱等内已按要求加好润滑油（脂）。

（6）带润滑油、密封油系统的设备，其油系统经油循环合格。

（7）泵、风机等入口按要求加过滤网，其中泵入口过滤网有效面积不应小于入口截面的2倍。

（8）试车现场环境要求：

1）设备周围的杂物已清除干净，脚手架已拆除；

2）有关通道平整、畅通；

3）现场无易燃、易爆物，并配备消防设施；

4）照明充足，有必要的通信设施。

（9）试车前仍应进行下列检查：

1）确认机械内部及连接系统内部，不得有杂物及工作人员；

2）检查地脚螺栓、连接螺栓不得有松动现象；

3）裸露的转动部分应有保护罩或围栏；

4）轴承冷却水量充足，回水畅通；

5）检查轴承润滑油量（油位）达到要求，确认各摩擦部位、滑移部位是否已加注足够的润滑剂；

6）确认电机通风系统无杂物，封闭良好。

（10）试车所需的临时系统和设施施工完毕，达到要求。

二、一般静设备安装

1. 静设备安装程序

一般静设备安装程序见图1-9，其中A为共检项目，B为专检项目，C为自检项目。

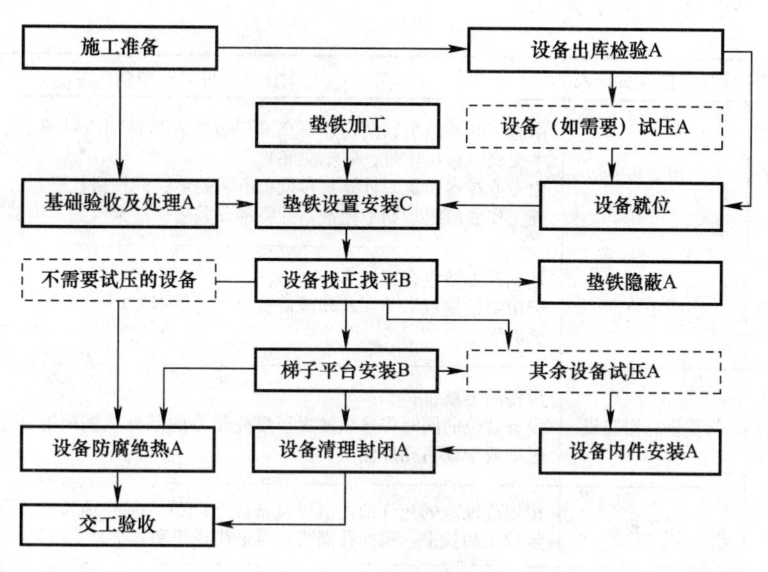

图 1-9　静设备安装程序图

2. 静设备安装工序管理

静设备安装工序管理见表 1-3。

静设备安装工序管理一览表　　表 1-3

序　号	工作内容	责任单位或责任人	工作说明或分解明细
1	熟悉图纸	专业技术负责人	了解设备的结构、质量、材质及技术要求
2	编制材料预算	专业技术负责人	按施工定额编制辅材预算
			根据施工机具装备情况和对施工机具的需求，编制施工机具和手段用料预算
3	编制施工方案	专业技术负责人	编制：(1) 编制依据：设备图、施工组织设计、规范标准、施工工法等；(2) 编制内容：工程概况、施工工艺方法和技术要求、质量标准和安全措施、进度计划、劳动组织、需用施工机具和手段用料、交工技术文件等
			审批：本装置静设备施工方案由项目部技术主管审定、项目部总工程师批准，同时还须报业主和监理单位审批
4	设备安装所需材料采购供应	供应部	根据预算和库存情况，编制材料采购计划
			同合格的分供方签订采购合同，在合同规定的地点接收、查验所购材料，按施工计划将合格的材料供至现场
5	基础验收	专业技术负责人 质量检查员 施工班组长	会同监理工程师（或其代表）、建设单位代表依据施工图和施工记录对设备基础外观、外形尺寸、位置尺寸进行检查
			检查合格，共同签署工序交接记录
6	设备开箱检验	监理单位 设备供应商 业主 施工单位	随机资料检查；设备外观检查、规格尺寸部件数
		业主 施工单位	办理移交手续
7	技术交底	专业技术负责人	编制书面技术交底

续表

序 号	工作内容	责任单位或责任人	工作说明或分解明细
8	垫铁加工	钳工班	由施工队长组织，质检、安全部门有关人员参加，对施工作业班组进行技术交底（包括质量、安全交底） 由专业技术负责人计算每台设备所需的垫铁的规格数量 施工作业班组切制平垫铁，并将部分平垫铁送至机加工组加工成斜垫铁
9	基础处理	钳工班	基础顶面凿至合适标高； 铲出垫铁放置平面（基础预留螺栓孔时则不需）； 铲麻面
10	设备吊装及垫铁放置	起重班、钳工班	设备吊装就位； 设备就位的同时将垫铁放置于事先铲好的基础垫铁面上（基础预留螺栓孔时则放于预留孔外侧）
11	设备找正和找平	钳工班	按规范规定的允许偏差值对设备进行调整（基础预留螺栓孔时须先进行初步找正和找平，螺栓孔灌浆后再最终找正和找平）
12	共检	专业技术负责人 质量检查员 施工班组长	会同监理工程师（或其代表）对设备安装偏差和垫铁安装情况进行检查； 共同签署设备安装记录和垫铁隐蔽工程记录
13	附属梯子平台安装	铆工班	按钢结构施工程序、要求进行设备附属梯子平台的安装
14	二次灌浆	混凝土班	设备安装检查合格后，安装施工单位向建筑施工单位办理二次灌浆委托手续； 建筑施工单位进行设备的二次灌浆工作
15	换热设备等试压	钳工班	所有换热设备需要进行现场试压，根据设备结构形式的不同，选用不同的试压方法； 设置试压临时措施，进行压力试验； 试验共检，检查合格，共同签署试压记录
16	内件安装（若有内件）	钳工班	根据建设单位提供的资料或设备供货合同确定需要进行内件现场组装的设备； 根据设备图和内件厂家制造图进行设备内件的安装，并向监理单位及业主三方确认安装质量
17	设备内部清理检查和封闭	钳工班	清除设备内部尘土、杂物、铁锈等； 会同监理单位及业主对设备内部进行检查，检查合格后封闭人孔； 共同签署隐蔽工程记录
18	防腐绝热	防腐班、绝热班	设备表面除锈，涂刷底漆； 涂刷面漆或进行绝热层施工
19	交工验收	业主、监理单位、施工单位	对工程进行全面的检查和确认； 签署交工验收证书
20	开车保运	钳工班	配合车间人员检查设备运行状况，对发生的问题如损坏、泄漏等进行紧急处理
21	整理交工技术文件	专业技术负责人	整理施工过程记录及检验、试验报告

3. 安装方法和安装技术要求

(1) 安装准备

1) 所有施工人员熟悉设备安装技术资料，包括设备制造装配图及零部件图、设备安装说明性文件、专用工具使用说明书、工艺安装图、设备装箱单及合格证等。

2) 对设备安装所需辅助材料、施工机具、车辆等进行预先准备。

3) 每一步工序施工前都要组织有关管理人员（技术、质量、安全）对所有施工作业人员进行技术交底，使作业人员对工程的情况、施工的程序和要求有全面深入的了解，同时也了解本装置设备安装的质量、安全方面的要求。

(2) 基础验收及处理

1) 基础验收及工序交接

建筑施工单位负责施工的设备基础完工后向安装单位移交。

2) 基础处理

① 设备安装前需灌浆的基础表面应凿成麻面，麻面深度不少于 10mm，密度为每平方米内 3～5 个点，与螺柱连接的表面应平整洁净。

② 垫铁放置处周边 50mm 范围内基础表面需铲凿平整，保证垫铁与基础接触良好，铲平部位的水平度允许偏差为 2mm/m。

③ 预留地脚螺栓孔内的杂物或水浆应清除干净。

④ 设备安装前有油污的混凝土层应铲除。

(3) 设备开箱检验

1) 设备到货后，由供应部门组织技术部门、质量部门及施工班组，会同业主和监理工程师对设备进行开箱检验：依据装箱单核对箱号、箱数，对设备及零部件的名称、型号、规格、数量及外观质量进行检查，并根据设备装配图核对设备的主要几何尺寸、接口规格、管口方位，检查随机资料和专用工具是否齐全。发现设备、零部件有损坏或质量缺陷，或者有缺件情况，应做好记录，由监理单位及时协调解决。

2) 对清点检查后的设备、零部件应分类挂牌标识，放置于洁净、通风处，小型部件要放置于木质货架之上，妥善保管，以防丢失。

(4) 设备的找平、找正

1) 设备找平、找正的基准设置如下：

设备支承底面标高以基础上标高基准线为基准；

设备中心位置以基础中心画线为基准；

立式设备垂直度以设备上下两端的测点为基准；

卧式设备水平度以设备两侧中心画线为基准。

2) 设备找正、找平应符合下列规定：

找平、找正应在同一平面内互成直角的两个或两个以上的方向进行；

设备的找平、找正应根据要求用垫铁进行调整，不得用紧固或放松地脚螺栓及局部加压等方法进行调整；

基础为预留螺栓孔时，先进行设备的初步找平、找正工作，然后进行预留孔灌浆，待混凝土强度达到设计强度的 75%以上时，方可进行设备的最终找平、找正和紧固地脚螺栓工作；

立式设备垂直度从两个互相垂直的角度使用线坠或经纬仪测量中心线，对于已保温的塔器，保温前应将中心线标识移植保温层外侧，找正过程应同时复测塔盘支撑圈的水平度；

卧式设备水平度采用水平仪或U形管的方法通过测量设备水平中心线进行找平。

3）设备安装允许偏差应符合相应规定。

4）设计对卧式设备有坡度要求时执行设计规定，无要求时坡向设备的排净方向。高温或低温设备的位置偏差偏向冷热位移的反方向。

（5）设备垫铁隐蔽

1）设备垫铁隐蔽应在以下工作完成后进行：

设备安装精度经检查合格；

各层垫铁间焊接牢固；

隐蔽工程记录完备；

共检合格，签字手续齐全。

2）设备基础二次灌浆工作由安装单位和建筑单位配合完成，具体要求如下：

安装单位向建筑单位办理灌浆委托，确认具备灌浆条件；

灌浆处用水清洗干净并润透后方可进行灌浆；

一台设备的灌浆工作必须一次完成，不得分次浇灌；

灌浆料采用强度等级较基础高一等级的细石混凝土，或者CGM灌浆料（应经监理单位认可）；

进行螺栓孔灌浆时，安装单位钳工应检查不得使螺栓歪斜或影响设备安装精度；二次灌浆时，灌浆层外表面应平整美观，上表面略有向外的坡度，高度略低于设备支座外缘上表面。

（6）设备试压

静设备是否需要进行现场压力试验须由建设和监理单位确定，一般情况下，除换热设备外的其他静设备有制造厂完备的试压证明文件时不再进行现场压力试验，换热设备则应全部进行现场压力试验。

1）试压前的准备工作

审查设备出厂合格证，研究图纸，熟悉设备结构及技术要求，确定试验方法和试压措施，并绘制试压流程图；

设置试压临时措施：按试压流程图的要求，配接临时管线和试压泵，用盲板封堵设备管口，在最高处和最低处分别应设排气口和泄放口；

在试压系统最低处和最高处安装两块压力表，压力表应经计量部门检验，量程为最大试验压力的1.5～2倍，精度不低于1.5级。

2）设备压力试验包括耐压试验及严密性试验，对于设计要求不允许有微量介质泄漏的设备，在耐压试验合格后还应做气密性试验。

三、往复压缩机安装案例

1. 安装基本程序

往复式压缩机组安装程序见图1-10。

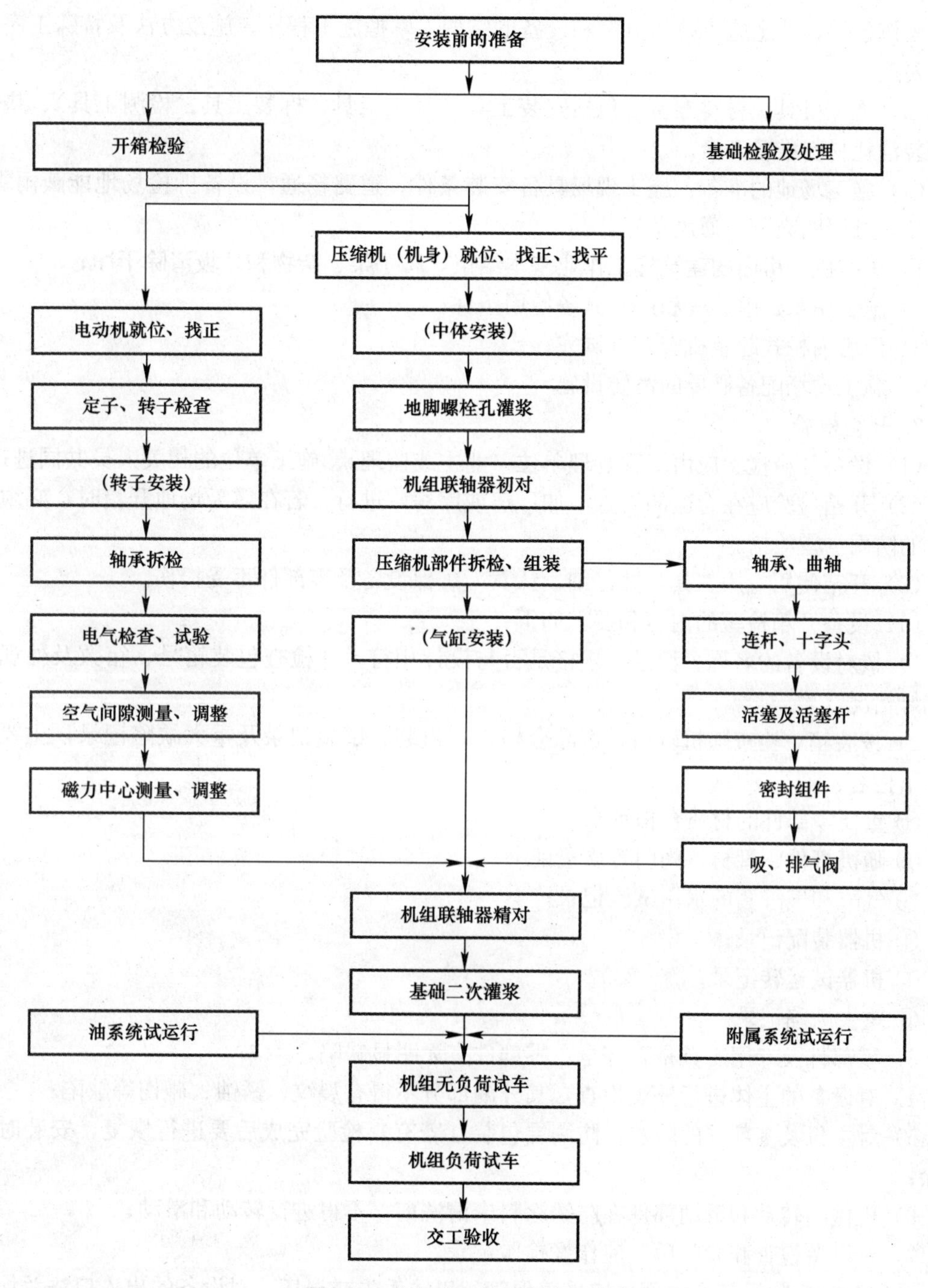

图 1-10　往复式压缩机组安装程序

2. 安装准备

(1) 技术准备：根据施工图纸、规范及有关资料编制施工方案、技术措施和安装材料预算。

(2) 施工人员准备：按施工组织设计和施工方案的要求合理组织、调配施工人员；在施工前对参加施工的人员进行施工技术和安全交底，使其了解装置的工艺特点、设备的性能及操作条件，熟悉施工技术方案和设备的结构，掌握施工程序、施工方法及特殊工序的操作要点。

（3）施工机具、材料准备：包括安装工具（吊装工具、拆装工具、检测工具）、垫铁及安装消耗材料准备齐全。

（4）施工场地的准备：施工现场具备安装条件，道路畅通，设备拆检场地能蔽雨雪、挡风沙，且照明充分、通风良好。

1）压缩机厂房内的建筑施工作业基本结束，脚手架、杂物和垃圾清除干净；

2）施工用水、电、气和照明具备使用条件；

3）厂房内桥式起重机安装调试完；

4）施工现场配备必要的消防设施。

3. 开箱检验

（1）设备开箱检验应由工程管理单位（业主或监理）、施工单位的相关人员共同进行。

（2）开箱检验应在合适的地点（如厂房或库房）进行，若在露天场地开箱时，必须有妥善的防雨、雪等措施。

（3）开箱使用专用工具，并仔细、认真，确保设备及零部件不受损伤。

（4）设备开箱检验的内容和要求如下：

1）核对设备的名称、型号、规格是否与设计相符，并检查包装箱号、箱数及外观包装完好情况；

2）按装箱单检查随机资料，产品合格证，组装、试验记录及重大缺陷记录，主要包括以下内容：

① 重要零部件的材质合格证书；

② 随机管件、管材、阀门等质量证书；

③ 气缸和气缸套的水压试验记录；

④ 机器装配记录；

⑤ 机器试运转记录；

⑥ 重大缺陷记录。

3）零部件及专用工具是否齐全，零部件有无明显缺陷；

4）对设备的主体进行外观检查，其外漏部分不得有裂纹、锈蚀、碰伤等缺陷；

5）对主机及零部件的防水、防潮层包装（若有）检验完成后要进行恢复，安装时再拆除；

6）机械的转动和滑动部件在防锈涂料未清洗前，不得进行转动和滑动；

7）对设备检查和验收后，应作好检验记录。

（5）验收后的设备及零部件应妥善保管，以防丢失或损坏。对设备的出入口法兰均应合理封闭，以防异物进入。

（6）凡随机配套的电气、仪表等设备及配件，应由各专业相关人员进行验收，并妥善保管。

（7）在施工过程中发现的设备内部质量问题，应及时与工程管理单位（业主或监理）研究处理。

（8）开箱检验完毕，机械设备零部件移交前，参与设备清点与检验的负责人员，及时在《设备验收清点检查记录》上签字、认可。

4. 基础验收及处理

（1）基础验收

1）基础验收要按施工图纸及规范要求由质检部门、技术部门和施工班组共同进行；

2）基础混凝土表面应平整、无裂纹、空洞、蜂窝和露筋等缺陷；中心线、标高、沉降观测点等标识齐全、清晰；

3）基础混凝土强度达到设计强度的75%以上；

4）按土建专业基础图纸、交接资料和表1-4要求对基础外形尺寸、坐标、标高等进行复测检查，对超标项目，由交方处理合格后，再次组织验收。

基础尺寸允许偏差 表1-4

<table>
<tr><th>序 号</th><th colspan="2">检查内容</th><th>允许偏差（mm）</th></tr>
<tr><td>1</td><td colspan="2">基础坐标位置（纵横中心线）</td><td>±20</td></tr>
<tr><td>2</td><td colspan="2">基础各不同平面的标高</td><td>+0
−20</td></tr>
<tr><td rowspan="3">3</td><td colspan="2">基础上平面外形尺寸</td><td>±20</td></tr>
<tr><td colspan="2">凸台上平面外形尺寸</td><td>−20</td></tr>
<tr><td colspan="2">凹穴尺寸</td><td>+20</td></tr>
<tr><td rowspan="2">4</td><td rowspan="2">基础上平面的水平度
（包括地坪上须安装设备的部分）</td><td>每米</td><td>5</td></tr>
<tr><td>全长</td><td>10</td></tr>
<tr><td rowspan="2">5</td><td rowspan="2">竖向偏差</td><td>每米</td><td>5</td></tr>
<tr><td>全长</td><td>20</td></tr>
<tr><td rowspan="2">6</td><td rowspan="2">预埋地脚螺栓</td><td>标高（顶端）</td><td>+20
−0</td></tr>
<tr><td>中心距（在根部和顶部分别测量）</td><td>±2</td></tr>
<tr><td rowspan="3">7</td><td rowspan="3">预留地脚螺栓孔</td><td>中心位置</td><td>±20</td></tr>
<tr><td>深度</td><td>−0</td></tr>
<tr><td>孔壁的铅垂度（全深）</td><td>10</td></tr>
</table>

（2）基础处理

1）机组安装前需灌浆的基础表面应凿成麻面，麻面深度不少于10mm，密度为每平方分米内3～5个点；

2）垫板放置处周边50mm范围内基础表面需铲凿平整，保证垫板与基础接触良好，铲平部位的水平度允许偏差为2mm/m；

3）预留地脚螺栓孔内的杂物或水浆应清除干净，螺栓孔畅通、无横筋或杂物；

4）机组安装前被油污的混凝土层应铲除。

5. 压缩机机身就位、找平和找正

（1）对整体供货的中、小型压缩机一次吊装就位，对散装供货的大型压缩机先将机身就位找平、找正，然后再组装中体等部件进行找平、找正。

（2）机组采用无垫铁安装，机组就位时在机器底座地脚螺栓孔下面悬吊一块钢垫板，形式详见图1-11。

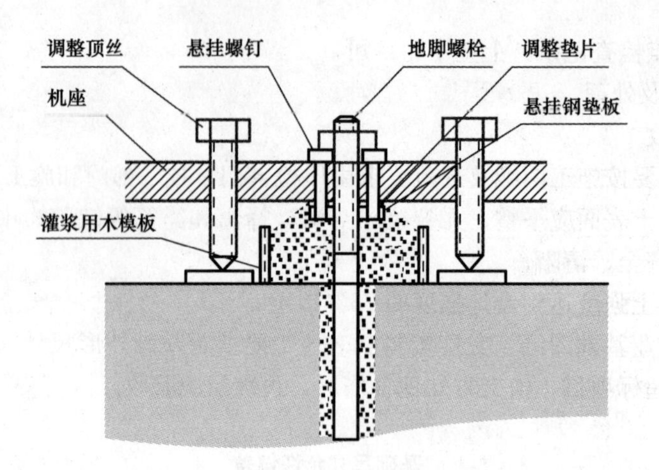

图 1-11　无垫铁安装示意图

（3）机组就位后，其主轴、气缸中心线应与机器基础中心线相重合，允许偏差为 3mm。安装标高应符合设计要求，允许偏差为 3mm。

（4）调整机身和中体的水平度。纵向水平度在滑道前、中、后三点位置测量；轴向水平度在机身轴承座处测量。纵向、轴向水平度允许偏差均不得超过 0.05mm/m。

（5）地脚螺栓灌浆，混凝土强度等级符合设计要求；其强度达到 75％以上时，按图 1-11 进行钢垫板砂浆墩施工，待砂浆达到设计强度时，松开悬挂螺钉。

（6）复测机身水平度，利用钢垫板与底座间调整垫板对机身水平度进行调整。

6. 压缩机拆检、安装

（1）机身、曲轴与轴承

1）打开机身盖，拆卸主轴瓦和曲轴，检查机身主轴承洼窝的同心度偏差不大于 0.05mm，十字头滑道中心线对机身曲轴中心线的垂直度不大于 0.1mm。

2）清洗曲轴和轴承，其油路应畅通，并用洁净的压缩空气吹除干净。

3）主轴承：

① 轴瓦合金表面及对口表面不得有裂纹、孔洞、重皮、夹渣、斑痕等缺陷。合金层与瓦壳应牢固紧密地结合，经涂色检查不得有分层、脱壳现象。

② 拧紧轴瓦螺栓后，用涂色检查瓦背与轴承座孔应紧密均匀贴合，接触面积应符合表 1-5 的要求。其最大集中不贴合面积不大于衬背面积的 10％或用 0.02mm 塞尺检查塞不进为合格。

瓦背与轴承座孔接触面积要求　　**表 1-5**

轴瓦外径（mm）	接触面积（S）
≤200	≥85％・S
＞200mm	≥70％・S

③ 轴瓦非工作面应有镀层，且镀层均匀。用涂色法检查轴颈与轴瓦的接触情况，应均匀接触。若检查时发现接触不良，应在制造厂家代表的指导下进行微量研刮处理。

④ 检查轴瓦的径向间隙和轴向定位间隙符合要求。

⑤ 轴瓦装配时，控制轴承盖螺栓紧固力矩。

4）曲轴检查要求

① 测量曲轴水平度：将水平仪放置在曲轴的各曲柄销上，每转 90°位置测量一次，见图 1-12，允许误差不大于 0.1/1000mm。

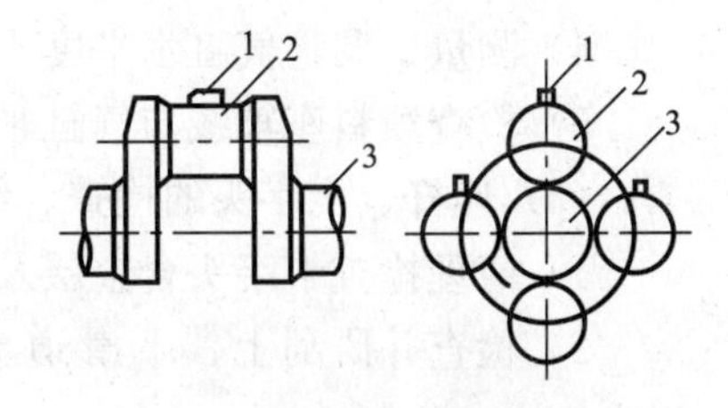

图 1-12　曲轴水平度测量示意图
1—水平仪；2—曲轴销
3—曲轴颈

② 检查曲柄颈对主轴颈再相互垂直的四个位置上的平行度，其偏差不大于 0.2mm/m。

③ 将曲柄销置于 00、900、1800、2700 四个位置，用内径千分尺分别测量曲拐开度差值 ΔK，见图 1-13，其最大允许开度差值 ΔK 为：

安装时：　　$\Delta K=8\times S/100000$　（mm）

运行时：　　$\Delta K=25\times S/100000$　（mm）

式中，S 为活塞行程（mm）。

④ 通过十字头滑道中心拉一钢丝，在曲拐底部找距离相差 10cm 以上的两点，用内径千分表测量这两点到钢丝的距离是否相等，其差值不大于 0.1/1000mm，见图 1-14。

图中：$A>10$cm，使 $(a_1-a_2)-(b_1-b_2)\ngtr 0.1/1000$mm。

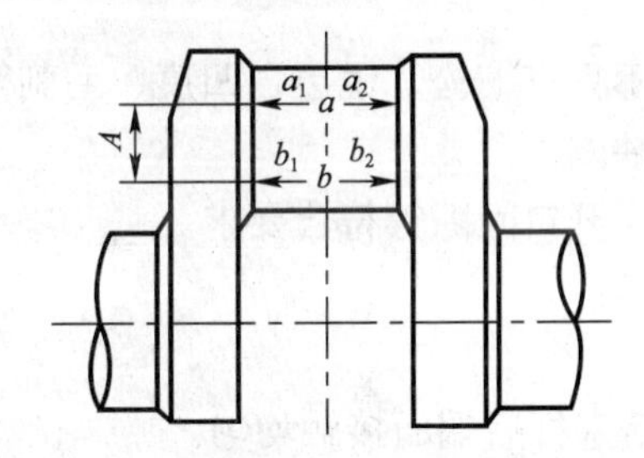

图 1-13　曲轴中心线与十字头滑道中心

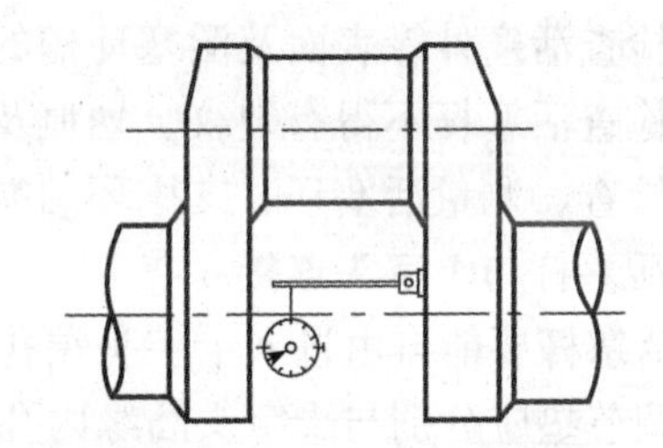

图 1-14　曲拐开度差值测量

（2）中体、气缸检查、安装

1）气缸和中体检查：

① 清洗检查中体、气缸的止口面、气缸阀腔与阀座接触面等，应无机械损伤及其他缺陷，气缸镜面不得有裂纹、疏松、气孔等缺陷，接触止口的接触面积应达 60%以上。

② 用内径千分尺测量各级气缸工作表面的圆柱度，其偏差符合技术文件要求。

2）气缸和中体安装时，应对称均匀地拧紧连接螺栓，气缸支撑必须与气缸支撑面接触良好，受力均匀。

3）以十字头滑道轴线为基准，检查校正中体和气缸镜面的轴心线，同轴度偏差要求见表 1-6。

气缸轴线与中体十字头滑道轴线的同轴度允许偏差（mm）　　表 1-6

气缸直径（D）	径向位移	轴向倾斜
$D\leqslant 100$	0.05	0.02
$100<D\leqslant 300$	0.07	0.02
$300<D\leqslant 500$	0.10	0.04
$500<D\leqslant 1000$	0.15	0.06
$D\geqslant 1000$	0.20	0.08

4）测量、调整气缸水平度不大于0.5mm/m，且倾斜方向与十字头滑道一致。

5）检查填料座轴线与气缸轴线的同轴度应符合表1-6的要求。

（3）连杆、十字头的检查、组装

1）清理检查十字头合金层及连杆大头瓦的质量。

2）检查并研刮上、下滑道分别与十字头体及滑道的接触面，应均匀接触达50%以上。

3）十字头放入滑道后，用角尺和塞尺测量十字头在滑道前、后两端与上、下滑道的垂直度，十字头与上、下滑道在全行程的各个位置上的间隙符合机器技术文件的要求。

4）十字头安装时，调整十字头轴线高于滑道轴线0.03mm。

5）检查十字头销轴外缘表面不得有裂纹、凹痕、擦伤、斑痕以及肉眼可见的非金属夹杂物等缺陷，用涂色法检查十字头销轴与十字头孔的接触面积不应低于60%。

6）连杆与小头瓦与十字头销轴应均匀接触，面积达70%以上，径向间隙和端面总定位间隙符合机器技术文件要求。

7）连杆大头瓦与曲轴颈的径向间隙符合机器技术文件要求。

（4）活塞检查安装

1）检查活塞外缘表面及活塞环槽的端面，不得有缩松、锐边、凹痕、毛刺等缺陷。

2）检查活塞杆不得有裂纹、划痕及碰伤等缺陷。

3）检查、测量活塞环、支撑环的端面翘曲、开口间隙等符合要求。

4）活塞杆与十字头连接

① 活塞杆要能自由进入十字头端孔。

② 调节垫应分别与十字头凸缘内孔底面及活塞杆后端面接触均匀。

5）盘车检查活塞与气缸镜面的接触情况及活塞的侧隙和顶隙。

6）检查活塞环在环槽中的轴向间隙和活塞装入气缸的径向间隙以及支撑环的轴向和径向间隙。

7）装上气缸头检查活塞对气缸的盖侧与轴侧的余隙值。

（5）填料安装

1）填料安装按图纸要求进行，安装前要弄清填料的结构、安装顺序、填料回气孔的走向、润滑油路径及冷却水进出口方向。

2）每组填料中的聚四氟乙烯密封圈应按图纸顺序安装，密封圈与节流环的内表面和活塞杆应有良好的接触，各盒之间接触均匀。

3）密封圈在填料盒内的轴向间隙以及节流环在节流座内的轴向间隙符合要求。

4）各组填料组装时，应将润滑油孔、冷却水孔、泄气孔对准，并通气检查是否畅通。

5）刮油器上的填料在机器开车前组装，拆卸时要将各填料圈分开，严禁通过活塞杆端部将各填料圈整体推入或拉出。

（6）气阀组装和安装

1）气阀拆检和安装过程中要做好标记，以避免零部件或阀与阀之间装错、装反。

2）气阀零部件的检查

① 清洗气阀上的防锈油，检查各密封面和导向面应完整无损，检查各个零部件特别

是阀片和弹簧是否有锈蚀。

② 检查阀片的升启高度符合图纸要求。

③ 气阀组装好后要精心保护、存放，防止弄伤、弄脏阀片和密封面。

3）气阀安装前检查其紧固螺栓是否松动，气阀的运动部件动作自如。

7. 电动机安装

（1）机身安装的同时可将电机就位，压缩机机身找平、找正后以机身为基准调整、找正电动机。

（2）定子支座与底座的连接面应清洗干净，结合面接触均匀。

（3）轴承座与底座，轴承座与连接件之间按要求安装绝缘衬套。

（4）电动机空气间隙的测量、调整，测量发电机两端上、下、左、右与转子之间的径向间隙值应均匀一致，允许实测值与气隙的平均值之差不应超过±5%，最大不超过1.0mm。空气间隙测定的位置应在发电机两端各选择同一端面的上、下、左、右固定的四点进行。

（5）同步电动机磁力中心测量、调整，测量定子和转子的相对位置时，应在定子两端的对应点进行，确定测量点后应做好标记，以保证测量和调整的准确性。定子磁力中心按制造厂要求的数值相对于冷态时转子的磁力中心向励磁机端有一个偏移值，使发电机在满负荷状态下两者相吻合。发电机磁力中心预留偏移值的允许偏差应不大于1.0mm，调整好后打上定子和底座间的定位销。

（6）调整电动机时，要架设百分表监视位移量。上下方向调整用螺纹千斤顶和其重螺钉，前后左右方向用螺旋千斤顶移动定子。

（7）推拉电机转子测量其总轴串量，确定电机转子在1/2轴串量位置时，整体移动电动机，使其与压缩机联轴器端面间隙符合要求。

8. 机组联轴器对中、连接

（1）机组联轴器对中

1）压缩机组的轴中偏差要求为：径向位移不大于0.03mm；轴向倾斜度不大于0.05mm/m。

2）以压缩机为基准，进行电动机的对中，压缩机与电动机联轴器精对中工作在气缸、中体、十字头安装，压缩机最终定位后进行。

3）压缩机与电动机最终对中时，同时进行机体的固定，并复测轴对中，应符合对中偏差的要求。

（2）联轴器绞孔、连接

1）联轴器铰孔前，联轴器中心必须复查合格，基础用CGM灌浆料灌浆24h。

2）铰孔使用制造厂带来的专用绞刀，两半联轴器要按找中心的相对位置对正，并用2～4条临时螺栓连接好。

3）铰孔时，每次吃刀量不宜多于0.15mm。首先在接近直径方向上铰好两个孔，穿上正式螺栓，再盘动转子依次铰出其余的螺栓孔。在整个铰孔过程中，两条正式螺栓不得抽出。

4）联轴器铰孔完成并逐条检查合格后才可穿连接螺栓。要求螺栓孔与联轴器法兰端面垂直，销孔表面粗糙度达到6.2μm，销孔与螺栓的配合间隙0.02～0.04mm。

5）按制造厂要求的力矩对称把紧连接螺栓。

9. 基础二次灌浆

（1）压缩机二次灌浆应具备下列条件：

1）联轴器对中合格；

2）压缩机组的安装工作全部结束；

3）地脚螺栓紧固完。

（2）机器基础二次灌浆使用CGM高强无收缩灌注料。灌浆前，将基础表面的油污、杂物清理干净，并用水充分湿润12h以上，灌浆时清除基础表面积水。

（3）CGM高强无收缩灌注料流动性好，能保证灌浆质量，但要求模板支设必须严密。模板与底座的间距不小于60mm，且模板要略高于底座，见图1-15。

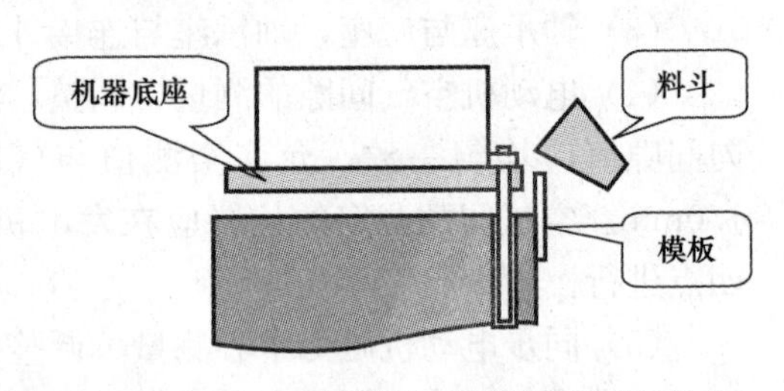

图1-15　CGM高强无收缩灌注料灌浆简图

（4）二次灌浆可从机器基础的任一端开始，进行不间断地浇灌，直至整个灌浆部位灌满为止，二次灌浆必须一次完成，不得分层浇筑。

（5）灌浆完成后2h左右，将灌浆层外侧表面进行整形。

（6）灌浆后，要精心养护，并保持环境温度在5℃以上。

（7）二次灌浆层养护期满后，在机组底座地脚螺栓附近放置百分表，将百分表的测量头与底座接触。然后，松开底座上的调整螺钉，将地脚螺栓再次拧紧，仔细观测底座的沉降量，在调整螺钉附近底座的沉降量不得超过0.05mm。

10. 附属设备安装

（1）附属机器的安装检查应符合规范要求。

（2）附属机器裸露的转动部分，如联轴器等应装保护罩，保护罩应装设牢固，便于拆卸。

（3）附属设备压力容器的耐压试验和气密试验应按技术文件和规范的规定进行。

（4）油冷却器应视具体情况进行抽芯检查，油程部分应用油或氮气进行耐压试验。

（5）油系统的各设备内部应经检查清洗，并符合试运行的要求。

11. 附属管道安装

（1）机组连接的工艺管道安装

1）管道与机组的接口段必须在机组找平、找正完成和基础二次灌浆后安装，固定口要选在远离机器管口第一个弯头1.5m以外，管道在与机组连接时使用百分表监视联轴器对中，配管过程中百分表的读数变化量不得大于0.02mm，严禁强力对口。

2）与机组连接的配对法兰在自由状态下应平行且同心，要求法兰平行度不大于0.10mm，径向位移不大于0.20mm，法兰间距以自由状态下能顺利放入垫片的最小间距为宜，所有螺栓要能自由穿入螺栓孔。

3）及时安装管道支吊架，严禁将管道重量加在机组上。

（2）油系统管道安装

1）油系统管道预制使用机械切割下料，并使用成品管件，油管焊接全部采用氩弧焊打底工艺，$DN50$ 以下焊口采用全氩弧焊接。安装后对管道进行酸洗、钝化处理。

2）油系统管道的阀门安装前要解体检查，清理除净内部杂质。

3）油管安装时，进油管要向油泵侧有 0.1%的坡度，回油管向油箱侧有不小于 0.5%的坡度。

4）油系统管道施工过程中，对油管、油设备敞口处要及时封闭，避免杂质污染系统。

12. 压缩机试车

（1）试车前的准备工作

1）压缩机安装工作全部结束，符合设备制造厂的技术文件和规范要求，安装记录齐全。

2）设备、管道的防腐、保温满足试车条件要求。

3）工艺管道安装完毕，管道支吊架安装、调整完毕，系统试压、吹扫完，安全阀整定合格。

4）与压缩机运行有关的公用工程具备投用条件。

5）电气、仪表安装工作结束并调校完，具备投入运行条件。

6）试车现场道路畅通，安全和消防设施配备齐全。

7）压缩机附属系统试运行合格，具备投用条件。

（2）油系统循环冲洗和试运行

1）油系统管道安装完毕后，管道系统内必须吹扫干净。将轴瓦和机身滑道供油接头拆开，接临时管回机身曲轴箱，以防止油污进入运动机构。

2）油系统冲洗前，将所有孔板、过滤器芯子拆除（过滤器内换成 80～120 目不锈钢滤网），油冷器要在系统冲洗基本合格后才可投入系统循环冲洗。

3）系统循环冲洗使用高效滤油机作为冲洗设备。

4）机身油池加油前，油设备及管道系统必须经检查合格，确保系统清洁。加油使用滤油精度不小于 $100\mu m$ 的滤油机。

5）油冲洗中为加快冲洗进度可采取以下措施。

① 用系统中的加热器和油冷器对冲洗油进行加热和冷却，加快杂物从管壁上脱落。冲洗最高油温 750℃，最低油温 350℃，交错进行。

② 油冲洗过程中不断用木槌敲击油管的焊缝、弯头、法兰等部位。

6）油系统循环冲洗合格标准：过滤器使用 120 目滤网，连续运转 4h 后，目测检查滤网不得有任何硬质颗粒，软杂质颗粒每平方厘米范围内不得多于 3 个。

7）油系统循环冲洗经检查合格后，及时按要求将轴瓦和机身滑道供油管道复位，按正常流量进行油循环连续运行并进行下列调整和实验：

① 检查各供油点，调整供油量；

② 检查过滤器的工作状况，经 12h 运行后，油过滤器前后压差增值不应大于 0.02MPa，否则继续冲洗；

③ 调试油系统联锁装置，动作应准确、可靠；

④ 启动盘车器检查各注油点的供油量；

⑤ 以上工作完成后，排出油池中的润滑油，清洗机身油池、油泵和滤网，重新加入合格的润滑油。

(3) 注油系统试运行

1) 首先用煤油清洗注油器，用压缩空气吹净全部管路。

2) 注油器电机单独试转 2h。

3) 拆开气缸及填料室各注油点的管接头接临时管。

4) 盘车检查注油器的供油情况，确认无问题后启动注油器运行，检查系统工作情况，检查各注油管单向阀的方向是否正确，调整各注油点的供油量达到要求。

5) 连接气缸及填料室各注油点的管接头，再次启动注油器，同时对压缩机盘车 5～10min，检查各管接头的严密性。停车时活塞应避开前、后死点位置，停车后手柄要转至开车位置。

(4) 冷却水系统试运行

通水，检查系统无泄漏，回水清洁、畅通；冷却水压力达到要求；气缸及填料内部无渗水现象。

(5) 电动机试运转

1) 脱开压缩机与电动机转子联轴器，先点动电机确认转向，再次启动电机运行 2h，电机电流、轴承振动、温度等无异常为合格。

2) 电机单试完成后，及时将联轴器复位。

(6) 压缩机无负荷试车

1) 启动前先进行以下工作：

① 拆卸气缸吸、排气阀及入口管道，在各级吸、排气阀腔口上装 10 目的金属滤网，同时复测各气缸的余隙值。

② 复查电动机、压缩机各连接件及锁紧件是否紧固，手动盘车复测十字头在滑道前、中、后位置处滑板与滑道的间隙值。

③ 启动稀油站润滑油泵，盘车检查各运动部件有无异常现象。

④ 开启冷却水系统，应运行正常。

2) 点动电机，检查压缩机的转向是否正确，并注意有无异常现象。

3) 再次启动压缩机运行 2～5min，仔细检查压缩机各部件的声响、振动和温升情况，停车时测量压缩机的惰走时间。确认一切正常后，重新启动压缩机连续运转 8h，符合下列要求为无负荷试车合格：

① 检查运动部位有无撞击声、杂音或异常振动现象；

② 检测气缸头的轴向振动值，其他部位可直观检查，无显著振动为合格；

③ 检查轴承温度，滑动轴承温度不超过 65℃，滚动轴承温度不超过 75℃；

④ 检查各填料处活塞杆表面的温度、十字头滑道主受力面的温度均不应超过 600℃，符合机器使用说明书的要求；

⑤ 机器各密封部位无泄漏，无漏水、漏气、漏油现象；

⑥ 检查电气、仪表设备，应工作正常。

4) 停车，按停车按钮，主轴停止转动后立即，并停止注油器注油。停盘车 5min 后，冷却水和润滑油系统。

(7) 系统吹扫

1) 将压缩机入口缓冲器和进气管线用外来气源吹扫干净，并经甲乙双方共同确认合格后安装好滤网。

2）系统管道恢复，进排气阀（一段）安装。

3）吹扫前必须拆除系统中的所有仪表、安全阀、调节阀、止回阀等。一般阀门置于全开位置。

4）吹扫压力控制在0.2MPa左右，在吹扫设备或管道的排气口放置盖有白布的靶板来检查，以5min内无铁锈、灰尘、水分等杂物为合格。

5）在吹扫设备或管道时，排气口宜用临时管线引至室外。

(8) 压缩机负荷试车

1）压缩机组空负荷试车合格后方可进行负荷试车，负荷试车应由建设单位组织实施，并严格按照操作规程进行。

2）按无负荷程序启动压缩机运转20min后，分3～5次缓慢升压至规定压力。

3）机器运转平稳，无异常声响，电气、仪表设备，应工作正常。符合无负荷试车的各项检查要求。压缩机满负荷连续运转12h为合格。

4）试运转合格后，及时整理试车记录。

1.1.4 工艺管道安装技术

一、工艺管道安装技术要求

1. 施工程序

工艺管道施工程序遵循如下原则：先地下、后地上，先室外、后室内，先预制、后安装。

2. 技术要求

(1) 管道安装应具备的条件：与管道有关的土建钢结构工程经检查合格，符合安装条件；与管道连接的设备找正合格、固定完毕；钢管、管件及阀门等已清理干净，不存杂物。

(2) 管网及各单元管带，采用现场预制、现场安装的施工方法，施工程序先低层后高层。

(3) 配泵、增压机、制冷机管道安装应保证不让设备有附加作用力。在设备找正固定后，复核一下安装误差，实物和设计尺寸后再预制。

(4) 阀组预制深度应在90%以上，但应注意预留尺寸，施工时除应按图预制，还应现场实测复核设计尺寸，在保证预制深度的同时，保证安装质量。

(5) 储罐及容器配管应现场预制、现场安装，预制深度70%。

(6) 埋地工艺管道应严格按放线挖沟→铺管组对→管道下沟、安装→试压→防腐补口→回填的施工顺序进行。

(7) 各种截止阀、止回阀、过滤器、调节阀、流量计等有流向指示的阀件和设备，必须严格按照流向指示安装。

(8) 管线呈气袋液袋的地方，需设高点放空和低点放凝阀。

(9) 除镀锌低压钢管采用管卡外，其他管线均设管托，保冷管线与管托之间需设10mm厚的聚四氟乙烯垫板。

3. 管道安装程序（图 1-16）

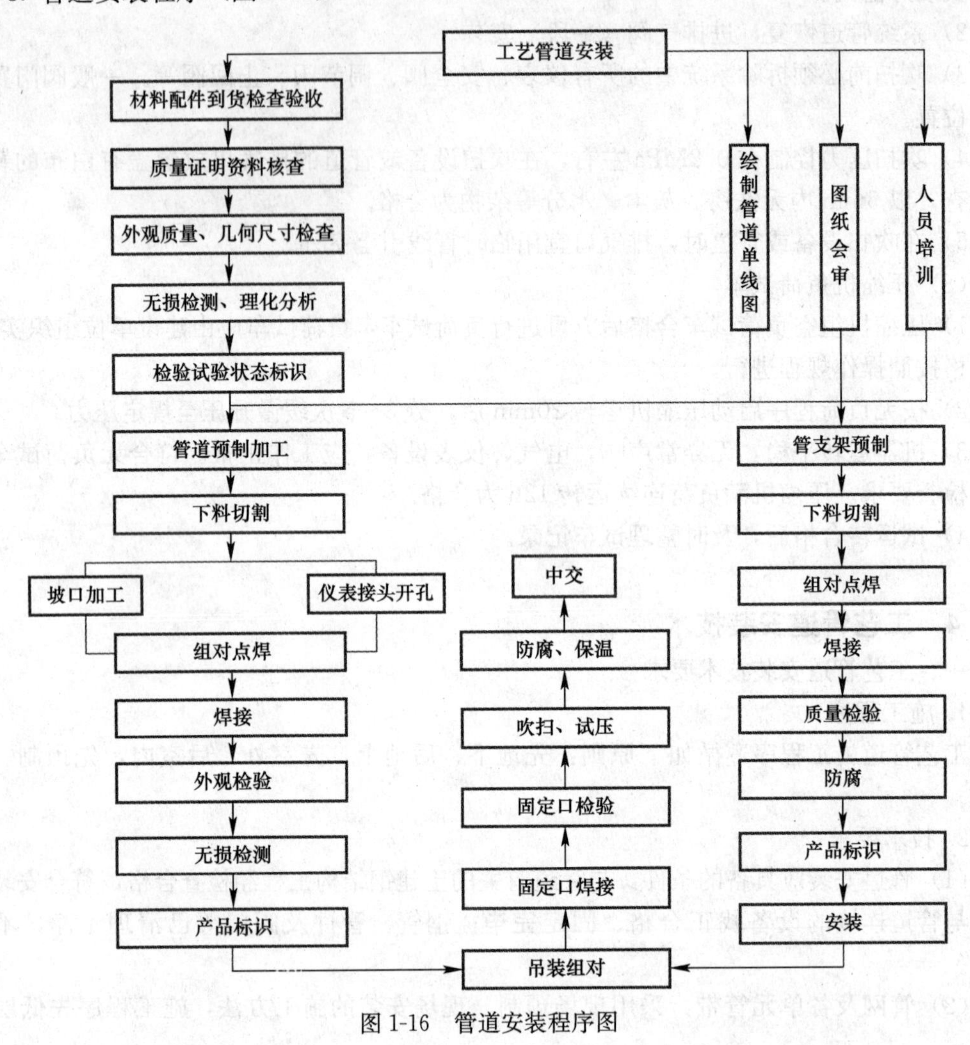

图 1-16　管道安装程序图

二、施工技术措施

1. 施工准备

(1) 组织各施工技术人员、施工班组长进行图纸会审，及时发现图纸中存在的问题。

(2) 根据施工图和施工图中的施工内容，配备相应的施工和检验标准，并配备能够满足施工要求的计量器具，所有计量器具经检定合格后方可使用。

(3) 根据工艺管线的材质和所输送介质，确定合理的焊接方法，并进行焊接工艺评定。

(4) 结合施工现场情况编制合理的施工方案。

(5) 绘制管线单线图，并划分单线图中的预制管段部分，以便指导工艺管线预制和安装工作。

(6) 进行材料计划的编制和到货材料的检验工作。

2. 管道预制

(1) 工艺管线预制程序见图 1-17。

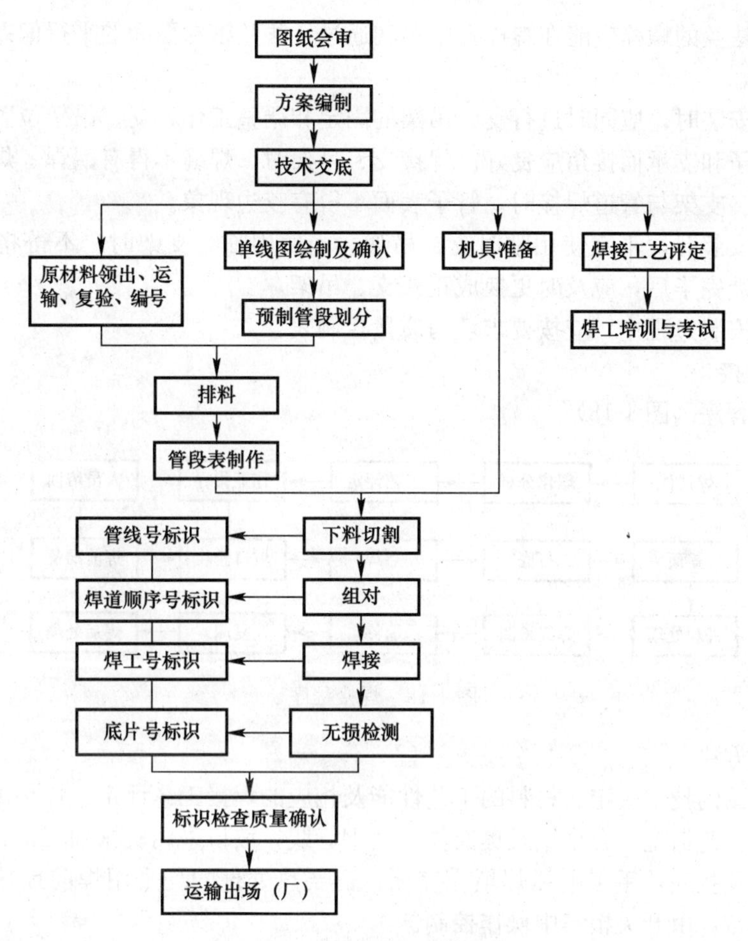

图 1-17　工艺管线预制程序图

（2）管道预制尽量在预制厂内完成，尽量减少现场焊接施工量。

（3）管线预制严格按单线图进行，预制件要按单线图进行标识。标识要包括管线编号、安装位置和调节余量。

（4）工艺管线支吊架的预制要按支吊架预制清单进行，支吊架的标识要包括型号规格和安装位置。

（5）管道预制件要进行敞口处的封堵。

（6）壁厚相同的管道及弯头、弯管组对时，应使内壁平齐，其错边量不应超过壁厚的10%，且不大于1mm。

（7）管道组对和点焊。

3. 管道安装

（1）管道安装前应仔细核对现场实际尺寸，确定无误后方可施工。

（2）管道安装前，应清除管道组件内部的砂土、铁屑及其他杂物。管道上的开孔应在管段安装前完成。当在已安装的管道上开孔时，管内因切割而产生的异物应清除干净。

（3）管道安装时，应检查法兰密封面及垫片，不得有影响密封性能的渗漏、划痕等缺陷存在。

（4）连接法兰的螺栓应能在螺栓孔中顺利通过，法兰密封面间的平行偏差及间隙，应符合标准要求。

（5）管道安装时，应同时进行支、吊架的固定和调整工作，支、吊架位置应正确，安装应牢固，管子和支承面接角应良好。焊接支、吊架时，焊缝不得有漏焊、焊道高度和长度不够等缺陷。支架与管道焊接时，管子表面不得有咬边现象。

（6）管道安装时，不宜使用临时支、吊架。当使用临时支架时，不得将其焊在管道上。在管道安装完毕后，应及时更换成正式支、吊架。

（7）管道安装过程中，应按要求填写质量控制表。

4. 管道焊接

（1）焊接程序（图 1-18）

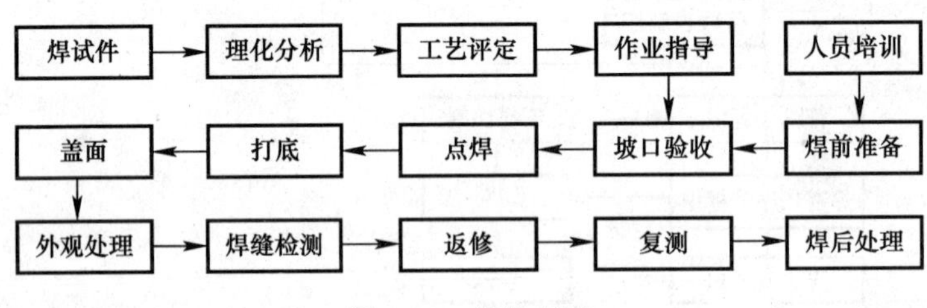

图 1-18　焊接程序

（2）焊接方法

根据施工图的技术规定、材料的工艺性能及相应的焊接工艺评定、焊接试验标准编制出合理的焊接工艺措施；合金钢及奥氏体不锈钢管线，坡口采用机械加工，管线的焊接全部采用根焊焊条找底，手工电弧焊填充盖面；需要热处理的均采用焊前预热及焊后热处理，用电加热带，由开关柜集中操作控制。

（3）焊接施工要求

1）天然气、液化石油气管线焊接全部采用氩弧焊打底，20 号钢管线之间焊接采用 E4315 焊条，L245 材质、16Mn 材质钢管间焊接采用 E5015 焊条，不同材质钢管、管件之间的焊接按强度较高侧材质选取焊条。

2）焊接应采用多层焊接，单层厚度不大于 4mm，焊条直径根据管线壁厚选取。管线壁厚小于等于 5mm 采用 $\phi3.2$mm 焊条，管线壁厚大于 5mm 采用 $\phi4$mm 焊条。

3）不锈钢焊接时存在焊接热裂纹，δ 相脆变，铁素体含量控制等问题，在焊接工艺上，在保证焊透及融合良好的条件下，应选用小的焊接工艺参数，采用短电弧和多层多道焊接，层间温度应按照焊接作业指导书予以控制。

4）雨期进行焊接施工时应设防风、防雨棚，进行焊前预热，焊后缓冷，焊缝应保证一次性焊接完毕。

5. 焊道的检验

无损检测程序见图 1-19。

6. 管道试压、吹洗、干燥

（1）试压准备

1）管道安装完毕后应按设计规定，对管道系统进行强度、严密性等试验，以检查管道系统以及各连接部位的工程质量。

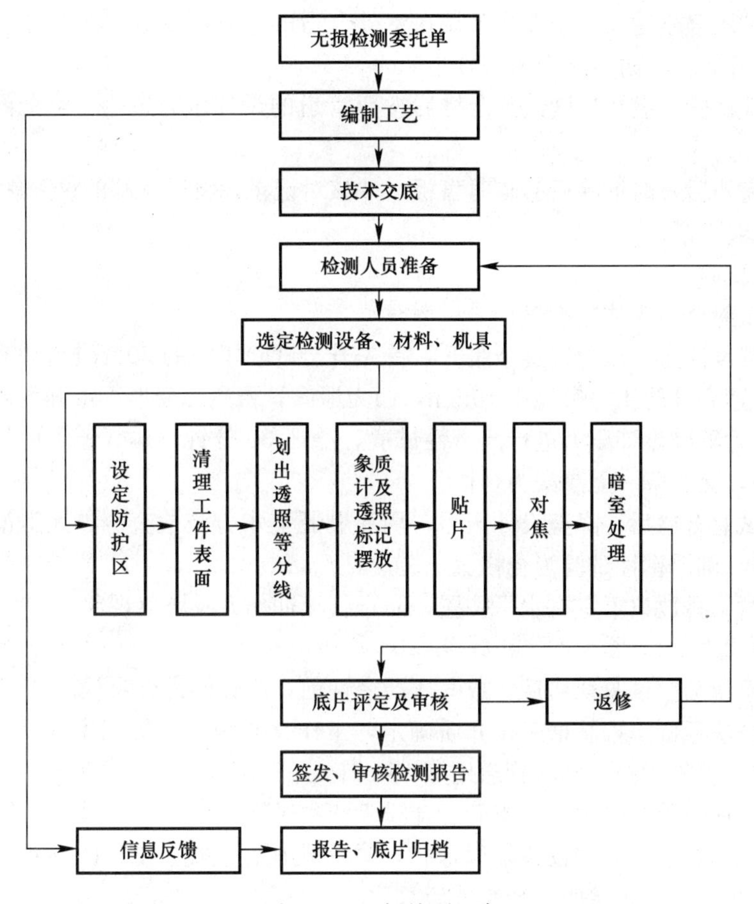

图 1-19 无损检测程序

2）管道系统按图纸施工完毕，支吊架完整，焊缝经检查合格。

3）试压所需检查的焊口及其他部位不得涂漆和保温。

4）压力表（至少 2 块）已经校验合格并在周检期内精度不低于 1.5 级，表的量程为最大被测压力的 1.5～2 倍。

5）空压试压前将不能参与试验的仪表等附件拆除或隔离，所加盲板位置应有标记和记录。机、试压泵、水源已备齐。

（2）液压试验

1）试验介质应为洁净水，对于不锈钢材质的水中含氯离子不得大于 25ppm。

2）管道试验应在环境温度高于 5℃时进行，否则应采取防范措施：

① 在试压介质中加入防冻剂。

② 试压完毕后，必须及时将管道内积水放尽，排水阀敞开，以防冻坏设备。

③ 当试压介质温度低于管道材料的脆性转变温度时，试压介质必须加温。

3）液压强度试验按照管道设计压力的 1.5 倍进行，升压应缓慢，待达到试验压力后，稳压 10min，再将试验压力降至设计压力，停压 30min，以压力不降，无渗漏为合格。

4）试压过程中如发现泄漏，不得带压修理，应卸压将缺陷消除后重新试压。

5）系统试压合格后，应立即将水排在室外合适的地方，尽量排放干净，此时注意让所有的排气孔开启，以防系统中出现真空。

6）严密性试验一般在强度试验合格后按照管道的设计压力进行，经全面检查，无泄漏为合格。

7）试压完毕后及时拆除所有临时盲板，并核对记录，将所拆卸的仪表件及管件复位，填写好系统试验记录。

（3）气压试验

1）气压试验介质为洁净空气。

2）气压强度试验，压力应逐级缓升，首先升至试验压力的50％进行检查，如无泄漏及异常现象，达到试验压力后稳压10min，以无泄露，目测无变形等渗漏为合格。强度试验合格后把压力降到设计压力进行严密性试验，稳压30分钟，对管道上的焊缝、法兰等部位进行检查，无压降、无渗漏为合格。

3）强度试验合格后，降至设计压力，用涂刷肥皂水方法检查。如无泄漏，稳压半小时，压力不降，则严密性试验为合格。

4）放气时，排放口不宜在水平位置，防止气流冲伤人及坠落现象。

（4）管道吹洗

1）管道系统强度试验合格后，或气压严密性前，应分段进行吹洗。

2）吹洗方法原则上按管道工作介质确定，工作介质为液体的用水冲洗，工作介质为气体的用空气、氮气吹扫，蒸汽管道用蒸汽吹扫。

3）吹洗顺序一般应按主管、支管、疏排管依次进行。

4）吹洗前应将系统内的仪表加以保护，并将孔板、喷嘴、滤网、节流阀、调节阀及止回阀阀芯等拆除，妥善保管，待吹洗后复位。

5）不允许吹洗的设备及管道应与吹洗系统隔离，吹出的脏物不得进入管道和设备内。

6）用空气吹扫压力不得超过设计压力，流速不小于20m/s。

（5）气密、干燥

油气介质管道应进行气密性试验，试验压力为设计压力。气密性试验在管线试压、吹扫后进行。管道系统试压合格后，用0.6～0.8MPa压力的空气进行吹扫。干燥和置换在投料前进行。

1.1.5 仪表自动控制系统安装技术

仪表自动控制系统按其功能可分为三大类型：检测系统、自动调节系统和信号联锁系统。从安装角度来说，信号联锁系统往往属于检测系统和自动调节系统之中。因此安装系统只有检测系统和自动调节系统两大类型。

不管是检测系统还是自动调节系统，除仪表本身的安装外，还包括与这两大系统有关的许多附加装置的制作、安装。除此之外，仪表为工艺服务这一特性决定着它与工艺设备、工艺管道、土建、电气、防腐、保温及非标制作等各专业之间的关系。它的安装必须与上述各专业密切合作，而这种配合，往往是自控专业需要主动，甚至为顾全大局，需要作出局部让步，才能最终完成自控安装任务。

仪表安装就是把各个独立的部件即仪表、管线、电缆、附属设备等按设计要求组成回路或系统完成检测或调节任务。也就是说，仪表安装根据设计要求完成仪表与仪表、仪表与工艺管道、现场仪表与中央控制室和现场控制室之间的种种连接。这种连接可以用管道连接（如测量管道、气动管道、伴热管道等），也可以是电缆（包括电线和补偿导线）连接，也可以是两种连接的组合和并存。

仪表安装程序可分为三个阶段，即施工准备阶段、施工阶段、试车交工阶段。

一、施工准备阶段

施工准备是安装的一个重要阶段，它的工作充分与否，直接影响施工的进展乃至仪表试工任务的完成。

施工准备包括资料准备、物资准备、表格准备和工机具及标准仪器的准备。

1. 资料准备

资料准备是指安装资料的准备。安装资料包括施工图、常用的标准图、自控安装图册、《自动化仪表工程施工及验收规范》（GB 50093）、《自动化仪表工程施工质量验收规范》（GB 50131）和质量验收标准以及有关手册、施工技术要领等。

施工图是施工的依据，也是交工验收的依据，还是编制施工图预算和工程结算的依据。一套完整的仪表施工图，应该包括下列内容：

(1) 图纸目录；

(2) 设计说明书；

(3) 仪表设备汇总表；

(4) 仪表一览表；

(5) 安装材料汇总表；

(6) 仪表加工件汇总表、仪表加工件（按工号）一览表；

(7) 电气材料汇总表；

(8) 仪表盘正面布置图；

(9) 仪表盘背面接线图；

(10) 供电系统图；

(11) 电缆敷设图；

(12) 槽板（桥架）定向图；

(13) 信号、联锁原理图；

(14) 供电原理图；

(15) 电气控制原理图；

(16) 调节系统原理图、检测系统原理图；

(17) 设备平面图、一次点位置图；

(18) 调节阀、节流装置计算书及数据表；

(19) 仪表系统接地；

(20) 复用图纸；

(21) 带控制点工艺流程图；

(22) 设计单位企业标准和安装图册。

施工单位向建设单位领取图纸，施工队向项目部领取图纸，施工班组向施工队领取图纸目录进行核对。

上述图纸是对常规仪表而言，控制系统没有仪表盘，而多了端子柜、输入输出装置、单元控制装置、报警联销装置和控制中心部分。

施工验收规范是施工中必须要达到和遵守的技术要求和工艺纪律。执行什么规范，一般在开工前，即在施工准备阶段必须同建设单位商定妥当。通常国家标准《自动化仪表工程施工及验收规范》GB 50093是设计、施工、建设三方面都接受的标准。但除化工单位外，有些部门、有些企业还有自行的验收标准，这在开工前必须确定。

对于引进项目，在签订合同时，应该明确执行什么标准以及执行标准的深度。若采用国外标准，还应弄清与国内标准（规范）的差异，便于在施工时掌握。

质量评定工作是施工过程中，特别是施工结束时必须完成的一个工作。一般情况下都执行《自动化仪表工程施工质量验收规范》（GB 50131）。对质量验评标准，各部门、各行业之间会有不同的要求，在施工准备阶段，必须同建设单位商定。

2. 技术准备

技术准备是在资料准备的基础上进行的，具体地说，要做好下列技术准备工作。

（1）参与施工组织设计的编制

施工组织设计是施工单位拟建工程项目，全面安排施工准备，规划、部署施工活动的指导性技术经济文件。编制施工组织设计已成施工准备工作不可缺少的内容，并已形成了一项制度。编制内容主要包括：①编制说明；②建设项目概况简述；③施工部署；④施工方法和施工机械选择；⑤施工总进度控制计划；⑥劳动力需用计划；⑦临时设施规划；⑧施工总平面图布置；⑨施工技术组织措施纲要；⑩各项需要量计划；⑪施工准备工作计划；⑫主要技术经济指标；⑬本工程所要用的主要标准、规程、规范编目；⑭其他项目说明。

自控专业要参与由总工程师牵头的施工组织设计编写，其大部分内容都要有自控专业自己的意见。

（2）施工方案的编制

施工方案按其内容的重要性决定了它的审批权限。施工方案分为三类。自控专业最重要的方案是中控室仪表的调校方案（集散系统），属于第三类方案。它由施工队自控专业技术负责人编写，项目部（或工程处）工程部自控专业技术负责人审核，项目部总工程师审批。

其他方案，如仪表安装方案、单体调校方案、信号联锁系统高度方案等属于一、二类方案，由施工队技术员编写，技术组长审核，项目部（工程处）自控专业技术负责人审批即可。有些更小的方案，如电缆敷设方案等，只要施工技术组长审批，工程部备案即可。

一个完整的自控技术方案，应包括如下内容：①编制说明；②编制依据；③工程概况，包括主要的实物量；④工程特点；⑤主要施工方法和施工工序；⑥质量要求及质量保证措施；⑦安全技术措施；⑧进度网络计划或统筹图；⑨劳动力安排；⑩主要施工、机具、标准仪器一览表；⑪预计经济效益（几个方案比较中选取）。

主要施工方法和施工工序是方案的核心。质量要求和质量保证措施是方案的基础。这些是技术方案的重点。

施工方案和施工步骤要一步一步具体地写出来。以施工人员拿到方案后，能按照方案自行工作，解决技术问题，并能保证质量，为检验方案的标准。若施工人员按照施工方案，不能自行施工，说明这个方案是失效的。主要施工方法要写出特色，有新意。若引用国家级、部级工法，要补充施工工艺和主要施工方法。工法（包括企业工法）虽是经过实践行之有效的一种施工方法，但略去了施工诀窍，略去了施工的核心部分。作为施工方案，必须把工法的质量保证作为方案得以实施的基础。没有安全技术措施的方案是不完善的施工方案，安全第一应贯彻始终。

（3）两个会审

自控专业的技术准备工作，还包括两个重要的图纸会审。一个是由建设单位牵头，以设计单位为主，施工单位参加的设计图纸会审，主要解决设计存在的问题。特别是设备、材料的缺项和提供的图纸、作业指导书是否齐全。另一个图纸会审是由施工单位自行组织的，通常由技术总负责人（总工程师）牵头，主管工程技术的部门具体组织，各专业技术负责人和各施工队技术人员参加。自控专业在这个会审中解决的重点是其他专业可能会影响仪表施工的问题。这些问题要尽可能地提出来，在施工前解决。

（4）施工技术准备的三个交底

这三个交底分别是设计交底、施工技术交底和工号技术员向施工人员的施工交底。

设计技术交底在施工准备初期进行。由建设单位组织，施工单位参加，设计单位向这两个单位作设计交底。一般由设计技术负责人主讲，然后按专业分别对口交底。设计交底的主要目的是介绍设计指导思想、设计意图和设计特点。施工单位参加的目的是更好地了解设计，为以后施工中可能产生的种种问题的解决，有一个明确的指导思想。

施工技术交底是由施工单位中主管施工、技术的部门组织，总工程师或项目工程处技术负责人向一线的施工技术人员的技术交底。重点是对一特定的工程项目，准备采用的主要施工方法，使用的主要施工机具，施工总进度的具体安排，质量指标、安全指标、效益指标的交底。

技术人员向施工人员的技术交底一般在施工中进行，严格地说不是施工准备的内容。这是一个自控专业工程技术员主讲、具体实施施工人员参加的一个交底。要针对某一具体工序，向施工人员讲清楚工序衔接、施工要领、达至要求的设想。也就是说，要告诉工人应该怎么干，不应该怎么干，要交代清楚质量要求及执行规范的具体条款。此外还要交代清楚安全要求。这个交底可以是文字的，也可以是口头的，但必须要有记录。

（5）划分单位工程

划分单位工程是施工准备的一个重要内容。具体操作是按项目要求，按建设单位的标准把所施工的项目划分成单项工程、单位工程、分部工程和分项工程。

单位工程划分的依据，各部门、各行业之间差别很大。单位工程的划分对下一步施工，以及交工资料整理都有直接关系。比较好的做法是与甲方质量检查部门充分协商。

单位工程划分完后，技术部门与质量管理部门一起要编制顺序，把每一工序质量检查都列出来，按重要性分为A、B、C三类。C类为班组自检；B类在自检基础上，工程处、项目部质量专职检查员要检查认可；A类是在专职质检员认可基础上，通知建设单位，要有甲方认可。检查前要发质量共检单，作为交工资料的一个内容。

(6) 培训和特殊工具、机具准备

技术准备还有一个重要内容是特殊工种的培训和特殊需要的工具、机具的准备。

随着工业自动化的飞速发展，施工图提供的设备一览表中新型自动化仪表不断出现，要掌握这些仪表，必须对人员进行必要的培训，要校验这些新仪表，必须配备必要的标准仪表及施工用的工、机具。工程仪表的高速发展必然导致标准仪表与施工工具、机具的同步发展。

3. 物资准备

物资准备是施工准备的关键。物资准备包括施工图上提及的所有仪表设备和材料的准备，包括一次仪表、二次仪表、仪表盘（柜），材料表上所列的各种型钢、管材、电缆、电线、补偿导线、加工件、紧固件、垫片，也包括图上未提及的消耗材料、手段用料、临时材料及一些不可预计的材料与设备的准备。

物资准备的重点是施工材料（主材和副材）和加工件。加工件包括仪表接头、法兰和辅助容器等。

为保证施工进度和工程质量，在准备加工件的同时，也应准备好加工件保管仓库及保管人员，特别是数量不多的材料加工件，尤其应该建立严格的出入库制度。

4. 表格准备

对于施工单位来说，竣工时要向建设单位交付两件东西，一件是一套完整无缺能够按设计要求进行运转的装置，这是硬件，另一件是按合同规范要求，交出一套完整的竣工资料，这是软件。现在对软件的要求越来越高，完整的资料是靠表格来反映的。因此，施工前表格资料的准备是一件重要的事情。

表格资料主要分两类。一类是施工表格，是如实记录施工过程中工程施工情况的表格，一般由工程管理部门负责。另一类表格是质量记录表格，是如实记录施工过程中质量管理和质量情况的表格，一般由质量管理部门负责。

5. 施工工具、机具和标准仪表的准备

施工进度的快慢在很大程度上取决于施工使用的工具和机具。在工期紧张时，尤其更强调工具和机具的使用。除常用的电动、液动工具，如电动套丝机、液压弯管机、开孔机、切割机、切管器等，对特殊施工还应准备相应的专用工具和机具。

标准仪表的准备同样重要。目前工程仪表向小、巧、精、稳，即固体化、全电子化、无可动部件、高精度、高稳定性方向发展，因此对用于校验、检定的标准仪表的要求更高。另外要注意检定、校验用的标准仪表的有效期。这类用作量值传递的标准仪表是企业的工作标准，也可能是企业最高标准，它必须按中华人民共和国计量法的要求，定期检定。超检定周期使用是不合法的，也是无效的。

6. 仪表设备及材料的检验和保管

按规定对仪表设备及材料进行开箱检查和外观检查。

仪表设备及材料的保管应注意：

(1) 测量仪表、控制仪表、计算机及其外部设备等精密设备，宜存放在温度为5～40℃、相对湿度不大于80%的保温库内。

(2) 各种导线、阀门、有色金属、优质钢材、管件及一般电气设备，应存放在干燥的封闭库内。

(3) 设备由温度低于－5℃的环境移入保温库时，应在库内放置24h后再开箱。

二、施工阶段

仪表工程的施工周期很长。在土建施工期间就要主动配合，要明确预埋件、预留孔的位置、数量、标高、坐标、大小尺寸等。在设备安装、管道安装时，要随时关心工艺安装的进度，主要是确定仪表一次点的位置。

仪表施工的高潮一般是在工艺管道施工量完成70%时，这时装置已初具规模，几乎全部工种都在现场，会出现深度的交叉作业。

仪表施工主要包括：取源部件的安装、仪表设备的安装和控制仪表及综合控制系统安装。

1. 取源部件的安装

(1) 取源部件的结构尺寸、材质和安装位置应符合设计文件要求。

(2) 设备上的取源部件应在设备制造的同时安装。管道上的取源部件应在管道预制、安装的同时安装。

(3) 在设备或管道上安装取源部件的开孔和焊接工作，必须在设备或管道的防腐、衬里和压力试验前进行。

(4) 在高压、合金钢、有色金属设备和管道上开孔时，应采用机械加工的方法。

(5) 在砌体和混凝土浇筑体上安装的取源部件，应在砌筑或浇筑的同时埋入，当无法做到时，应预留安装孔。

(6) 安装取源部件时，不宜在焊缝及其边缘上开孔及焊接。

(7) 取源阀门与设备或管道的连接不宜采用卡套式接头。

(8) 取源部件安装完毕后，应随同设备和管道进行压力试验。

2. 仪表设备的安装

(1) 就地仪表的安装位置应按设计文件规定施工，当设计文件未具体明确时，应符合下列要求：

1) 光线充足，操作和维护方便；

2) 仪表的中心距操作地面的高度宜为1.2～1.5m；

3) 显示仪表应安装在便于观察示值的位置；

4) 仪表不应安装在有振动、潮湿、易受机械损伤、有强电磁场干扰、高温、温度剧烈变化和有腐蚀性气体的位置；

5) 检测元件应安装在能真实反映输入变量的位置。

(2) 在设备和管道上安装的仪表应按设计文件确定的位置安装。

(3) 仪表安装前应按设计数据核对其位号、型号、规格、材质和附件。随包装附带的技术文件、非安装附件和备件应妥善保存。

(4) 安装过程中不应敲击、振动仪表。仪表安装后应牢固、平正。仪表与设备、管道或构件的连接及固定部位应受力均匀，不应承受非正常的外力。

(5) 设计文件规定需要脱脂的仪表，应经脱脂检查合格后安装。

(6) 直接安装在管道上的仪表，宜在管道吹扫后压力试验前安装，当必须与管道同时安装时，在管道吹扫前应将仪表拆下。

（7）直接安装在设备或管道上的仪表在安装完毕后，应随同设备或管道系统进行压力试验。

（8）仪表上接线盒的引入口不应朝上，当不可避免时，应采取密封措施。施工过程中应及时封闭接线盒盖及引入口。

（9）对仪表和仪表电源设备进行绝缘电阻测量时，应有防止弱电设备及电子元件被损坏的措施。

（10）仪表设备的产品铭牌和仪表位号标志应齐全、牢固、清晰。

3. 控制仪表和综合控制系统的安装

（1）在控制室内安装的各类控制、显示、记录仪表和辅助单元，以及综合控制系统设备均应在室内开箱，开箱和搬运中应防止剧烈振动和避免灰尘、潮气进入设备。

（2）综合控制系统设备安装前应具备下列条件：

1）基础底座安装完毕；

2）地板、顶棚、内墙、门窗施工完毕；

3）空调系统已投入运行；

4）供电系统及室内照明施工完毕并已投入运行；

5）接地系统施工完毕，接地电阻符合设计规定。

（3）综合控制系统设备安装就位后应保证产品规定的供电条件、温度、湿度和室内清洁。

（4）在插件的检查、安装、试验过程中应采取防止静电的措施。

三、试车、交工阶段

工艺设备安装就位，工艺管道试压、吹扫完毕，工程即进入单体试车阶段。

试车由单体试车、联动试车和化工试车三个阶段组成。

单体试车阶段主要工作是传动设备试运转达时，只是应用一些检测仪表，并且大都是就地指示仪表，如泵出口压力指示、轴承温度指示等。

大型自动设备试车时，仪表配合复杂些，除就地指示仪表外，信号、报警、联锁系统也要投入，还通过就地仪表盘或智能仪表、程序控制器进行控制。重要的压缩机还要进行抗喘振、轴位移控制。

单体试车由施工单位负责，建设单位参加。

联动试车是在单体试车成功的基础上进行的。整个装置的动设备、静设备、管道都连接起来，有时用水作介质，称为水联动，打通流程。这个阶段，原则上所有自控系统都要投入运行。就地指示仪表全部投入，控制室仪表（或 DCS）也大部分投入。自控系统先手动，系统平衡时，转入自动。除个别液位系统外，全部流量系统、液位系统、压力系统、温度系统都投入运行。

联动试车以建设单位为主，施工单位为辅。按规范规定，试车仪表正常运行 72h 后施工单位将系统和仪表交给建设单位。

化工试车是在联动试车通过的基础上进行的。顺利通过联动试车后，有些容器完成惰性气体置换后即具备了正式生产的条件。

投料是试车的关键。仪表工应全力配合。建设单位的仪表工已经接替施工单位的仪表工，随着化工试车的进行，自控系统逐个投入，直到全部仪表投入正常运行。

投料以后，施工单位仪表工仅作为保镖参加化工试车，具体操作和排除可能发生的故障，全由建设单位的仪表工来完成。

仪表系统交给建设单位，这是交工的主要内容，也称为硬件。与此同时，也要把交工资料交给建设单位，这是软件。原则上交工资料要与工程同时交给建设单位，但一般是在工程交工后一个月内把资料上交完毕。

一份完整的仪表专业交工资料，应有如下内容：①交工资料目录；②工程交接证书（或交工验收证书）；③工程间交接证书（若有中间交接）；④仪表设备移交清单；⑤未完工程（项目）明细表；⑥隐蔽工程记录；⑦仪表管路试压、脱脂记录；⑧节流装置安装记录；⑨仪表（单体）调校记录；⑩仪表二次联校记录；⑪信号联锁系统调试、试验记录；⑫仪表电缆、电线、补偿导线敷设记录；⑬仪表电缆绝缘测试记录；⑭设备、材料代用通知单汇总；⑮设计变更、联络笺汇总；⑯竣工图；⑰其他。

1.1.6 防腐施工技术

一、石油化工设备及管道防腐蚀方法

1. 覆盖层法

金属镀层可分为阳极性镀层和阴极性镀层两种。主要有热镀、渗镀、电镀、喷镀、扩散镀等；非金属覆盖层分为无机覆盖层和有机覆盖层两种。

（1）金属镀层

1）热镀

热镀是金属镀层表面防护技术工业化最早的工艺。目前广泛用作热镀层的金属有锌、铝、锡、铅等及其合金。热镀法是把被镀的金属材料浸入熔化的镀层金属液中，经过一段时间取出，使金属表面沾上一层镀层金属，这种方法也被称为热浸镀。

2）渗镀

渗镀是采用扩散处理方法，将一种或几种元素，从金属的表面扩散到基体金属中去使之形成扩散镀层。即把金属材料或部件，放进含镀层金属或它的化合物的粉末混合物、熔盐浴及蒸汽等环境中，使热分解或还原等反应析出的金属原子，在高温下扩散到金属中去，在其表面形成合金化镀层。因此，这种方法也被称为表面合金化或扩散镀。

3）电镀

电镀是将电解液中的金属离子在直流电的作用下，在阴极上沉积出金属而形成镀层的工艺过程。即把被镀金属材料浸入含有镀层金属离子的溶液中，然后以金属材料为阴极，以另一合适材料为阳极，通入直流电，使金属离子在被镀材料上放电，并以电结晶的形式沉积于金属表面。

4）喷镀

喷镀是一种利用燃烧或电能，把加热到熔化或接近熔化状态的金属微粒，喷附在金属制品表面上而形成保护层的一种方法。

（2）非金属覆盖层

1）无机覆盖层

无机覆盖层包括化学转化覆盖层、搪瓷或玻璃覆盖层等。

① 化学转化覆盖层：又称化学转化膜。它是金属表面的原子通过化学或电化学反应，与介质中的阴离子或原子结合，形成一层与基体结合力较强的、有防腐蚀能力的薄膜。

② 搪瓷或玻璃覆盖层：搪瓷又称珐琅，是类似玻璃的物质。它是将钾、钠、钙、铝等金属的硼酸盐加入硼砂中作为熔剂，涂覆在金属表面上经灼烧而成。

2）有机覆盖层

在有机材料中，主要是耐腐蚀高分子材料，如硬聚氯乙烯塑料、聚丙烯塑料、氟塑料等。

凡是能形成有机覆盖层的化学材料，统称为涂料。

2. 电化学保护法

按照作用原理不同，电化学保护分为阴极保护和阳极保护两类。

（1）阴极保护法

1）外加电流阴极保护原理

将被保护金属设备与直流电源的负极相连，依靠外加阴极电流进行阴极极化而使金属得到保护的方法。

2）外加电流阴极保护系统组成

外加电流阴极保护系统包括辅助阳极、阳极屏、参比电极和直流电源四个部分。

3）牺牲阳极保护

在被保护金属设备上连接一个电位更负的强阳极，促使阴极极化，这种方法叫做牺牲阳极保护。

4）阴极保护的基本参数

最小保护电流密度和最小保护电位是衡量阴极保护是否达到完全保护的两个基本参数。

最小保护电流密度：使金属腐蚀停止，亦即达到完全保护时所需的最小电流值称为最小保护电流，若以电流密度计量，就称为最小保护电流密度。

最小保护电位：在阴极保护下，当金属刚好完全停止腐蚀时的临界电位称为最小保护电位。

最小保护电流密度和最小保护电位都通过实验确定，它们与被保护金属的种类、表面状态以及腐蚀介质的性质、浓度、温度、运动状况等因素有关。

（2）阳极保护

1）阳极保护原理

阳极保护是把保护的金属构件与外加电流电源的正极相连（使被保护设备成为阳极），在一定的电解质溶液中，把金属构件阳极极化到一定的电位（提高到钝化区），使其建立并维持稳定的钝态（即金属表面发生钝化，形成一层致密的保护膜），从而降低腐蚀速度，使设备受到保护。

2）阳极保护的主要参数

致钝电流密度：是使金属在给定环境条件下，发生钝化所需的最小电流密度。

维钝电流密度：是使金属在给定环境条件下维持钝态所需的电流密度。

稳定钝化区的电位范围：稳定钝化区的电位范围愈宽愈好。因为在阳极保护过程中，允许被保护设备的电位变化的范围愈宽，在操作运行的过程中不会由于电位受外界因素的影响，而造成设备的活化或过钝化。这样，对控制电位的电器设备与所用的参比电极的要求也就不必太高。

3. 衬里保护法

衬里是一种综合利用不同材料的特性、具有较长使用寿命的防腐方法。根据不同的介质条件，大多是在金属设备上选衬各种非金属材料，如砖板衬里、玻璃钢衬里、橡胶衬里和化工搪瓷衬里等。对于温度、压力较高的场合，可以衬耐蚀金属，如不锈钢、钛、铅、铜、铝等。

4. 环境（介质）处理法

环境处理包括除去环境中的有害成分（如脱气、脱盐、干燥等），从而达到防腐蚀的目的。

缓蚀剂是一些用于腐蚀环境中抑制金属腐蚀的添加剂。对于一定的金属腐蚀介质体系，只要在腐蚀介质中加入少量的缓蚀剂就能有效抑制腐蚀速度。

由于使用缓蚀剂不需复杂的设备，且用量小，因此缓蚀剂防护是一种经济效益显著的金属防护方法。采用缓蚀剂防护时，凡是与介质接触的设备、管道、阀门等表面，均可受到保护，这是任何其他防蚀方法不能做到的。

二、防腐蚀施工技术

1. 施工前准备工作

（1）施工前技术人员将设备、管道防腐的施工方法和技术要求向施工人员进行技术交底。

（2）施工前检查设备机具的完好性和绝缘性。

（3）配备专职电工检查现场机具照明等用电设施。

（4）到货的防腐材料在自检合格后，及时向主管部门报验。经验收合格的材料才准许使用。

（5）防腐材料应分类存放，并按要求下垫上盖，堆放场地应注意通风和防火。

（6）抛丸场地和喷漆场地之间应做好隔离措施，防止二次污染。

（7）为保证施工质量及施工的有序进行，应建立相应的防腐工作流程。

2. 防腐施工技术要求

（1）刷涂或滚涂技术要求

1）由于刷涂或滚涂每层获得的漆膜厚度较薄，往往需要多层涂装才能达到设计要求的厚度。

2）采用刷涂或滚涂施工时，层间应纵横交错，每层往复进行，涂匀为止。

3）涂刷后道漆前，应对前道漆表面破损的部位按照规定进行修补。

4）聚氨酯面漆需多道涂装时，每道间隔时间不宜超过48h，应在第一道漆未干透时即涂刷第二道漆。

（2）无气喷涂涂装技术要求

1）无气喷涂涂料挥发性成分少，现场漆雾飞扬少，涂料利用率高，漆膜质量好，工作环境得以改善。喷涂一遍就能达到设计要求的漆膜厚度。

2）调节高压无气喷涂枪头时，应将上下两支枪头的喷涂范围分布均匀，以免造成漆膜不均。喷枪不能停顿，以防喷出涂料在一处积累太多造成流挂。遇表面粗糙、边缘、弯曲处，应特别注意。在焊缝、切痕、凸出部位等，可用手工喷涂加补一道。对喷涂不能到达的隐蔽部位可用手工喷涂补充。

3）喷射角度可控制在30°～80°之间，一般应避免正面喷射，以防漆雾反弹；喷幅可控制在30～40cm左右，喷枪距工件控制30～40cm左右，以减少漆幅搭接，保持一定的漆液冲击力，达到增强漆膜附着力的效果。

4）潮湿气候、雾天、上一遍喷涂的涂层表面未完全干透，或涂装环境中扬尘过多时，涂装作业应停止。所有清洁完毕后2h内且保证在清洁表面次生锈发生前完成第一遍底漆。在温度、湿度偏高时，清洁后应尽量缩短完成第一遍底漆时间间隔。

5）涂漆应按规定的漆膜厚度进行。高压无气喷涂是目前最先进的涂装方法，涂装速度快、均匀，又可获得厚膜。使用无气喷涂需要更高的技巧，喷枪与被涂物面应维持在一个水平距离上，操作时要防止喷枪作长距离或弧形的挥动。喷涂边、角、孔、洞及焊缝等部位，应在喷涂前用漆刷预涂一遍，以确保这些部位的膜厚。

6）漆膜厚度的控制，为了使涂料能发挥其最佳性能，足够的漆膜厚度极其重要。因此必须严格控制漆膜的厚度。施工时应按用量进行涂装，经常使用湿膜测厚仪测定湿膜厚度，以控制干漆膜的厚度和保证涂层厚度的均匀。按涂布面积大小确定厚度测量点的密度和分布，然后测定干膜厚度，未达到规定膜厚，必须补涂。

7）遵照设计要求和涂料厂方推荐的条件进行涂装作业。尤其应注意涂料厂家提供的有关保存、混合、稀释和适用期方面的使用说明。遵照涂料厂家的说明掌握各漆层涂装间隔，避免以后的涂层出现剥离现象。

8）漆膜应无缺陷或损坏。若漆层因焊接作业或其他原因而受损，应对该区域进行处理，按设计规定的涂料品种、厚度补漆修复。

（3）涂装一般要求

1）当表面温度比周围空气的露点高出不到3℃的情况下，不可进行油漆作业。

2）相对湿度不宜大于80%，遇雨、雾、雪、强风天气不得进行室外施工。

3）相对湿度低于50%时，不能进行无机锌漆的固化，固化时间将被延长或是遵循厂家的书面固化步骤。

4）不宜在强烈日光照射下施工。

5）防腐施工过程中，不得有流淌、剥落、透底、反锈、漏刷、结皮、流坠、起皱等现象发生。

6）无机富锌底漆在涂装过程中，必须时时进行机械搅拌。

7）涂装下道漆之前，必须彻底清除掉表面的锌盐，否则将影响漆膜的层间附着力。

8）中间漆、面漆的涂覆应在厂家规定的最短时间内完成，而且重新涂覆的次数不能超过制造商的规定。当涂覆间隔超过最大时间时，需将前道漆膜表面打磨粗糙后再进行涂装作业，否则将影响漆膜间的附着力。

9）修补：因施工及吊运过程中发生的油漆涂层破损，应对破损区域进行打磨至St3级，按照同等的涂漆要求对其进行修补，修补边缘应超出破损边缘50mm。

（4）产品保护及涂层养护控制

1）成品必须加以保护，在养护阶段，必须保证涂装后8小时内不受雨淋，必要时搭设上盖下垫，在漆膜完全固化前，避免对涂层进行划伤、碰撞。

2）成品按规定进行叠放，层间加木块，并保证空气流通，使漆膜尽快固化。

3. 防腐蚀衬里的施工方法

根据不同的介质条件和设备及管道需求，可选取不同的衬里材料。常用的防腐蚀衬里有聚氯乙烯塑料衬里、铅衬里、玻璃钢衬里、橡胶衬里、砖板衬里等。

（1）聚氯乙烯塑料衬里

聚氯乙烯塑料衬里分为硬聚氯乙烯塑料衬里和软聚氯乙烯塑料衬里。

衬里的施工方法一般有三种：松套衬里、螺栓固定衬里、粘贴衬里。

1）松套衬里

是以钢壳为主体，里面加衬硬聚氯乙烯板材。

这种结构常用于尺寸较小的设备，衬里和钢壳不加以固定，因此钢壳不限制硬聚氯乙烯的胀缩。

2）螺栓固定衬里

当设备尺寸较大时，为了防止衬里层从钢壳上脱落下来，可采用螺栓固定衬里。

3）粘贴衬里是用胶粘剂（一般称为胶），把硬聚氯乙烯薄板（2～3mm）粘贴在钢壳内。

切记：聚氯乙烯塑料衬里用处最多的是硝酸、盐酸、硫酸和氯碱生产系统。如：用作电解槽，既耐腐又不漏电；酸雾排气管道和海水管道采用聚氯乙烯塑料衬里效果均良好。

（2）铅衬里

切记：铅衬里适用于常压或压力不高、温度较低和静载荷作用下工作的设备；真空操作的设备、受振动和有冲击的设备不宜采用。

铅衬里常用在制作输送硫酸的泵、管道和阀等。

铅衬里的固定方法：搪钉固定法、螺栓固定法、压板固定法（焊接式）等。

（3）玻璃钢衬里

玻璃钢衬里的施工方法主要有手糊法、模压法、缠绕法和喷射法四种。

例如，对于受气相腐蚀或腐蚀性较弱的液体介质作用的设备，一般衬贴 3～4 层玻璃布即可。而条件比较苛刻的腐蚀环境，则衬里总厚度至少应大于 3mm。

在衬贴过程中，涂刷胶粘剂必须使每层玻璃布充分浸润，尽可能挤出纤维间空隙中的空气。并且最好每衬粘一层，待干燥或热处理后再衬粘下一层，这样可以使溶剂充分挥发和树脂固化程度高，有利于提高玻璃钢衬里的抗渗性。

（4）橡胶衬里

橡胶衬里施工采用粘贴法，把加工好整块橡胶板利用胶粘剂粘贴在金属表面上，接口以搭边方式粘合。

（5）砖板衬里

1）砖板衬里施工

采用胶泥砌衬法，在设备的内壁，采用胶泥衬砌耐腐蚀砖板等块状材料，将腐蚀介质同基体设备隔离，从而起到防腐蚀作用。

2）砖板衬里的优点

所用主材砖板和胶泥来源广泛，价格便宜。

工艺简单，施工方法成熟，适应砌衬各种尺寸、形状的设备、地坪、渠沟、基础、烟囱等；选用不同材质的砖板和胶粘剂，可以获得耐蚀性、耐热性、耐磨性良好的保护层。

三、质量要求

1. 外观检查：涂层薄膜应光滑平整，颜色一致，无气泡、流淌及剥落等缺陷。

2. 针孔检查：防腐层中漏点检查，用电火花检漏仪检测，直流电压在900～20000V的检漏装置，把地线一端与金属管壁极连接，地线的一端接检漏仪，再将探测电极和检漏仪相连接，然后开启检漏仪，将探测电极沿防腐层表面移动进行检漏，并始终保持探测电极和防腐层表面紧密接触。当沿测电极经过防腐层漏点或厚度过薄位置时，检漏仪就会报警，此时可以回电极，通过观察电火花的跳出点确定漏点的位置。对检查有漏点的地方，分层进行补涂，直至检查合格为止。补好后，要色泽一致，光滑平整。

3. 涂层厚度检查：用测厚仪测定，要求涂层厚度均匀，涂层干膜厚度和层数符合设计要求。干膜厚度大于或等于设计厚度值的检测点，应占检测点总数的90%，其他检测点厚度也不应低于设计厚度值的90%以上，涂色符合设计要求。

1.1.7 绝热施工技术

一、保温绝热层施工

1. 保温绝热层施工准备

（1）在施工前，对绝热材料及其制品应核查其性能；对保管期限、环境和温度有特殊要求的，应按材质分类存放。在保管中根据材料品种不同，应分别设置防潮、防水、防冻、防挤压变形（成型制品）等设施。其堆放高度不宜超过2m。露天堆放时，应采取防护措施。

（2）工业设备及管道的绝热工程施工，应在工业设备及管道的强度试验、气密性试验合格及防腐工程完工后进行。

（3）在有防腐、衬里的工业设备及管道上焊接绝热层的固定件时，焊接及焊后热处理必须在防腐、衬里和试压之前进行。

（4）在雨雪天、寒冷季节施工室外绝热工程时，应采取防雨雪和防冻措施。

（5）绝热层施工前，必须具备下列条件：

1）支承件及固定件就位齐备；

2）设备、管道的支、吊架及结构附件、仪表接管部件等均已安装完毕；

3）电伴热或热介质伴热管均已安装就绪，并经过通电或试压合格；

4）清除被绝热设备及管道表面的油污、铁锈；

5）对设备、管道的安装及焊接、防腐等工序办妥交接手续。

2. 保温绝热层施工技术要求

（1）设备保温层施工技术要求

1）当一种保温制品的层厚大于100mm时，应分两层或多层逐层施工，先内后外，同层错缝，异层压缝，保温层的拼缝宽度不应大于5mm。

2）用毡席材料时，毡席与设备表面要紧贴，缝隙用相同材料填实。

3）用散装材料时，保温层应包扎镀锌铁丝网，接头用以 ϕ4mm 镀锌铁丝缝合，每隔4m 捆扎一道镀锌铁丝。

4）保温层施工不得覆盖设备铭牌。

例如：

对立式设备采用硬质或半硬质制品保温施工时，需设置支撑件，并从支撑件开始自下而上拼砌，然后进行环向捆扎。

对卧式设备采用硬质或半硬质制品保温施工时，需要在设备中轴线水平面上设置托架，保温层从托架开始拼砌，并用镀锌铁丝网状捆扎。

（2）管道保温层施工技术要求

1）水平管道的纵向接缝位置，不得布置在管道垂直中心线 45°范围内。

2）保温层的捆扎采用包装钢带或镀锌铁丝，每节管壳至少捆扎两道，双层保温应逐层捆扎，并进行找平和接缝处理。

3）有伴热管的管道保温层施工时，伴热管应按规定固定；伴热管与主管线之间应保持空间，不得填塞保温材料，保证加热空间。

4）采月预制块做保温层时，同层要错缝，异层要压缝，用同等材料的胶泥勾缝。

例如：

输气管线站场管道保温采用岩棉保温，保温工作在管线及设备防腐工程验收合格后进行。

每段保温层用镀锌铁丝捆扎，间隔 250～300mm，保温带或保温管壳的纵向接缝位于管子的侧下方，镀锌铁皮保护层的搭接长度，其接缝处用轴心铝铆钉。

（3）设备、管道保冷层施工技术要求

1）采用一种保冷制品层厚大于 80mm 时，应分两层或多层逐层施工。在分层施工中，先内后外，同层错缝，异层压缝，保冷层的拼缝宽度不应大于 2mm。

2）采用现场聚氨酯发泡应根据材料厂家提供的配合比进行现场试发泡，待掌握和了解发泡搅拌时间等参数后，方可正式施工；阀门、法兰保冷可根据设计要求采用聚氨酯发做成可拆卸保冷结构。

3）聚氨酯发泡先做好模具，根据材料的配比和要求，进行现场设备支承件处的保冷层应加厚，保冷层的伸缩缝外面，应再进行保冷。

4）管托、管卡等处的保冷，支承块用致密的刚性聚氨酯泡沫塑料块或硬质木块，采用硬质木块做支承块时，硬质木块应浸渍沥青防腐。

5）管道上附件保冷时，保冷层长度应大于保冷层厚度的 4 倍或敷设至垫木处。接管处保冷，在螺栓处应预留出拆卸螺栓的距离。

3. 固定件、支承件的安装

（1）钩钉或销钉的安装，应符合下列规定：

1）用于保温层的钩钉、销钉，可采用 ϕ3～ϕ6mm 的镀锌铁丝或低碳圆钢制作，直接焊装在碳钢制设备或管道上。其间距不应大于 350mm。每平方米面积上的钩钉或销钉数为：侧部不应少于 6 个，底部不应少于 8 个。

2）焊接钩钉或销钉时，应先用粉线在设备、管道壁上错行或对行划出每个钩钉或销钉的位置。

3）在保冷结构中，钩钉或销钉不得穿透保冷层。塑料销钉应用胶粘剂粘贴。

（2）支承件的安装，应符合下列规定：

1）支承件的材质，应根据设备或管道材质确定，宜采用普通碳钢板或型钢制作。

2）支承件不得设在有附件的位置上，环面应水平设置，各托架筋板之间安装误差不应大于10mm。

3）当不允许直接焊于设备上时，应采用抱箍型支承件。

4）支承件的宽度，应小于绝热层厚度10mm，但最小不得小于20mm。

5）立式设备和公称直径大于100mm的垂直管道支承件的安装间距：对保温平壁应为1.5～2m；对保温圆筒：当为高温介质时，应为2～3m，当为中低温介质时，应为3～5m；对保冷平壁或圆筒，均不得大于5m。

（3）壁上有加强筋板的方形设备、烟道、风道的绝热层，应利用其加强筋板代替支承件，也可在筋板边沿上加焊弯钩。

（4）球形容器的保冷层固定件，采用粘贴法装设销钉时，胶粘剂应与销钉材质相匹配。每块绝热制品的销钉用量为4个。塑料销钉的长度，应小于保冷层厚度10mm，但最小不得小于20mm。

（5）管道采用软质毡、垫保温时，其支撑环的间距宜为0.5～1m。当采用金属保护层时，其环向接缝与支撑环的位置应一致。

（6）直接焊于不锈钢设备或管道上的固定件，必须采用不锈钢制作。当固定件采用碳钢制作时，应加焊不锈钢垫板。

（7）抱箍式固定件与设备或管道之间，在下列情况之一时，应设置石棉板等隔垫：

1）介质温度大于等于200℃；

2）保冷结构；

3）设备或管道系非铁素体碳钢。

（8）保冷结构的支、吊、托架等用的木垫块，应浸渍沥青防腐。

（9）设备振动部位的绝热层固定件，当壳体上已设有固定螺母时，螺杆扭紧丝扣后，应点固焊。

（10）备封头处固定件的安装，应符合下列规定：

1）当采用焊接时，可在封头与筒体相交的切点处焊设支承环，并应在支承环上断续焊设固定环；

2）当设备不允许焊接时，支承环应改用抱箍型；

3）多层绝热层应逐层设置活动环及固定环；

4）多层保冷里层应采用不锈钢制的活动环、固定环、钢丝或钢带。

4. 保温绝热层施工方法

石油化工设备及管道保温绝热层施工方法包括捆扎法施工、拼砌和缠绕法施工、充填法施工、粘贴法施工、浇注法施工、喷涂法施工等。

二、防潮层的施工

1. 一般规定

（1）设备或管道保冷层和敷设在地沟内管道的保温层，其外表面均应设置防潮层。

（2）设置防潮层的绝热层外表面，应清理干净，保持干燥，并应平整、均匀。不得有突角、凹坑及起砂现象。

(3) 室外施工不宜在雨、雪天或夏日曝晒中进行。操作时的环境温度应符合设计文件或产品说明书的规定。

(4) 防潮层以冷法施工为主。当用沥青胶粘贴玻璃布，绝热层为无机材料（泡沫玻璃除外）时，方可采用热法施工。沥青胶的配方，应按设计文件或产品标准的规定执行。

2. 防潮层施工技术要求

设备及管道保冷层外表面应敷设防潮层，以阻止蒸汽向保冷层内渗透，维护保冷层的绝热能力和效果。防潮层以冷法施工为主。

(1) 保冷层外表面应干净，保持干燥，并应平整、均匀，不得有突角，凹坑现象。

(2) 沥青胶玻璃布防潮层分三层：

第一层石油沥青胶层，厚度应为 3mm；

第二层中粗格平纹玻璃布，厚度应为 0.1～0.2mm；

第三层石油沥青胶层，厚度 3mm。

(3) 沥青胶应按设计要求或产品要求规定进行配制；玻璃布应随沥青层边涂边贴，其环向、纵向缝搭接应不小于 50mm，搭接处必须粘贴密实。

立式设备或垂直管道的环向接缝应为上搭下。卧式设备或水平管道的纵向接缝位置应在两侧搭接，缝朝下。

3. 沥青胶、防水冷胶料玻璃布防潮层

(1) 沥青胶玻璃布防潮层的组成，应符合下列规定：

第一层石油沥青胶层的厚度，应为 3mm；

第二层中碱粗格平纹玻璃布的厚度，应为 0.1～0.2mm；

第三层石油沥青胶层的厚度，应为 3mm。

(2) 防水冷胶料玻璃布防潮层的组成，应符合下列规定：

第一层防水冷胶料层的厚度，应为 3mm；

第二层中碱粗格平纹玻璃布的厚度，应为 0.1～0.2mm；

第三层防水冷胶料层的厚度，应为 3mm。

(3) 当涂抹沥青胶或防水冷胶料时，应满涂至规定厚度，其表面应均匀平整。并应符合下列规定：

1) 玻璃布应随沥青层边涂边贴。其环向、纵向缝搭接不应小于 50mm，搭接处必须粘贴密实。

2) 立式设备和垂直管道的环向接缝，应为上搭下。卧式设备和水平管道的纵向接缝位置，应在两侧搭接，缝口朝下。

3) 粘贴的方式，可采用螺旋形缠绕或平铺。待干燥后，应在玻璃布表面再涂抹沥青胶或防水冷胶料。

三、保护层的施工

1. 保护层施工技术要求

保护层能有效地保护绝热层和防潮层，以阻挡环境和外力对绝热结构的影响，延长绝热结构的使用寿命，并保持其外观整齐美观。

(1) 保护层宜用镀锌铁皮或铝皮，如采用黑铁皮，其内表面应做防锈处理；使用金属保护层时，可直接将压好边的金属卷板合在绝热层外，水平管道或垂直管道应按管道坡向自下而上施工，半圆凸缘应重叠，搭口向下，用自攻螺钉或铆钉连接。

(2) 设备直径大于1m时，宜采用波形板，直径小于1m以下，采用平板，如设备变径，过渡段采用平板。

(3) 水平管道或卧式设备顶部，严禁有纵向接缝，应位于水平中心线上方与水平中心线成300mm以内。

例如：

当采用金属作为保护层时，对于下列情况，金属保护层必须按照规定嵌填密封剂或在接缝处包缠密封带：

1) 露天或潮湿环境中的保温设备、管道和室内外的保冷设备、管道与其附件的金属保护层；

2) 保冷管道的直管段与其附件的金属保护层接缝部位和管道支、吊架穿出金属护壳的部位

2. 金属保护层

(1) 金属保护层的材料，宜采用镀锌薄钢板、薄铝合金板、薄不锈钢板或薄彩钢板等。当采用普通薄钢板时，其里外表面必须涂敷防锈涂料。

(2) 直管段金属护壳的外圆周长下料，应比绝热层外圆周长加长30～50mm。护壳环向搭接一端应压出凸筋；较大直径管道的护壳纵向搭接也应压出凸筋；其环向搭接尺寸不得少于50mm。

(3) 管道弯头部位金属护壳环向与纵向接缝的下料裕量，应根据接缝形式计算确定。

(4) 设备及大型储罐金属保护层的接缝和凸筋，应呈棋盘形错列布置（图1-20）。金属护壳下料时，应按设备外形先行排版画线，并应综合考虑接缝形式、密封要求及膨胀收缩量、留出20～50mm的裕量。

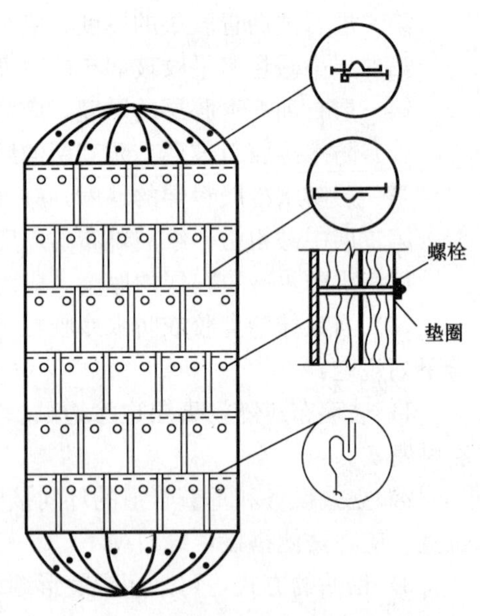

图1-20　储罐金属保护层接缝布置

(5) 方形设备的金属护壳下料长度，不宜超过1m。当超过时，应根据金属薄板的壁厚和长度在金属薄板上压出对角筋线。

(6) 设备封头的金属护壳，应按封头绝热层的形状大小进行分瓣下料，并应一边压出凸筋，另一边为直边搭接，但也可采用插接。

(7) 压型板（波型或槽型金属护壳板）的下料，应按设备外形和压型板的尺寸进行排版拼样。应采用机械切割，不得用火焰切割。

(8) 弯头与直管段上的金属护壳搭接尺寸，高温管道应为75～150mm；中、低温管道应为50～70mm；保冷管道应为30～50mm。搭接部位不得固定。

(9) 在设备或大直径管道绝热层上的金属护壳，当一端采用螺栓固定时，螺栓的焊接应与壁面垂直。每块金属护壳上的固定螺栓不应少于两个，其另一端应为插接或S形挂钩

支承。

（10）在金属保护层安装时，应紧贴保温层或防潮层。硬质绝热制品的金属保护层纵向接缝处，可进行咬接，但不得损坏里面的保温层或防潮层。半硬质和软质绝热制品的金属保护层纵向接缝可采用插接或搭接。

（11）固定保冷结构的金属保护层，当使用手提电钻钻孔时，必须采取措施，严禁损坏防潮层。

（12）水平管道金属保护层的环向接缝应沿管道坡向，搭向低处，其纵向接缝宜布置在水平中心线下方的15°～45°处，缝口朝下。当侧面或底部有障碍物时，纵向接缝可移至管道水平中心线上方60°以内。

（13）垂直管道金属保护层的敷设，应由下而上进行施工，接缝应上搭下。

（14）立式设备、垂直管道或斜度大于45°的斜立管道上的金属保护层，应分段将其固定在支承件上。

（15）有下列情况之一时，金属保护层必须按照规定嵌填密封剂或在接缝处包缠密封带：

1）露天或潮湿环境中的保温设备、管道和室内外的保冷设备、管道与其附件的金属保护层；

2）保冷管道的直管段与其附件的金属保护层接缝部位和管道支、吊架穿出金属护壳的部位。

（16）管道金属保护层的接缝除环向活动缝外，应用抽芯铆钉固定。保温管道也可用自攻螺丝固定。固定间距宜为200mm，但每道缝不得少于4个。当金属保护层采用支撑环固定时，钻孔应对准支撑环。

（17）静置设备和转动机械的绝热层，其金属保护层应自下而上进行敷设。环向接缝宜采用搭接或插接，纵向接缝可咬接或插接，搭接或插接尺寸应为30～50mm。平顶设备顶部绝热层的金属保护层，应按设计规定的斜度进行施工。

（18）压型板安装前，应先装底部支承件，再由下而上安装压型板。压型板可采用螺栓与胶垫或抽芯铆钉固定。采用硬质绝热制品，其金属压型板的宽波应安装在外面。采用半硬质和软质绝热制品，其压型板的窄波应安装在外面。

（19）直管段金属护壳膨胀缝的环向接缝部位；静置设备、转动机械的金属护壳膨胀缝的部位，其金属护壳的接缝尺寸，应能满足热膨胀的要求，均不得加置固定件，作成活动接缝。

其间距应符合下列规定：

1）应与保温层设置的伸缩缝相一致；

2）半硬质和软质保温层金属护壳的环向活动缝间距，应符合表1-7的规定。

（20）绝热层应留有膨胀间隙的部位，金属护壳亦应留设。

环向活动缝间距 **表1-7**

介质温度（℃）	间距（m）
≤100	视具体情况确定
101～320	4～6
＞320	3～4

（21）大型设备、储罐绝热层的金属护壳，宜采用压型板或做出垂直凸筋，并应采用弹簧连接的金属箍带环向加固。

（22）在已安装的金属护壳上，严禁踩踏或堆放物品。对于不可避免的踩踏部位，应采取临时防护措施。

3. 毡、箔、布类保护层

（1）保护层包缠施工前，应对胶粘剂做试样检验。

（2）用聚醋酸乙烯乳液作胶粘剂的毡、布类保护层的施工环境温度应在 8℃以上。除掺入憎水剂配成耐水性的胶粘剂外，不得用于露天或潮湿环境中。

（3）毡、布类保护层的施工，应在抹面层表面干燥后进行。当在绝热层上直接包缠时，应清除绝热层表面的灰尘、泥污，并修饰平整。

（4）管道上毡、箔、布类保护层的搭接缝，应粘贴严密，其环缝及纵缝搭接尺寸不应小于 50mm。

（5）设备平壁及大型储罐表面铺贴毡、箔、布时，其搭接尺寸宜为 30mm。

（6）毡、箔、布类的包缠接缝，应按规范规定施工。毡类包缠时，起点和终端应用镀锌铁丝或包装钢带捆紧；圆筒状分段包缠的，应分段捆紧；箔布类包缠时，起点和终端宜用粘胶带捆紧。

铝箔复合保护层采用圆筒分段包缠时，其搭接缝用压敏胶带粘贴封闭。

4. 抹面保护层

（1）抹面保护层的灰浆，应符合下列规定：

1）容重不得大于 1000kg/m^3；

2）抗压强度不得小于 0.8MPa（8kgf/cm^2）；

3）烧失量（包括有机物和可燃物）不得大于 12%；

4）干燥后（冷状态下）不得产生裂缝、脱壳等现象；

5）不得对金属产生腐蚀。

（2）露天的绝热结构，不得采用抹面保护层。当必须采用时，应在抹面层上包缠毡、箔或布类保护层，并应在包缠层表面涂敷防水、耐候性的涂料。

（3）保温抹面保护层施工前，除局部接茬外，不应将保温层淋湿，应采用两遍操作，一次成活的施工工艺，接槎应良好，并应消除外观缺陷。

（4）抹面保护层未硬化前，应防雨淋水冲。当昼夜室外平均温度低于＋5℃且最低温度低于－3℃时，应按冬期施工方案采取防寒措施。

（5）高温管道的抹面保护层和铁丝网的断缝，应与保温层的伸缩缝留在同一部位，缝内填充石棉绳或矿物棉材料。其室外的高温管道，应在伸缩缝部位加金属护壳。

（6）大型设备抹面时，应在抹面保护层上留出纵横交错的方格形或环形伸缩缝。伸缩缝做成凹槽，其深度应为 5～8mm，宽度应为 8～12mm。

（7）采用微孔硅酸钙专用抹面灰浆材料时，应进行试抹，符合规范规定后，方可使用。

1.1.8 电气安装技术

一、电气施工工序要求

1. 变压器、箱式变电所安装应按以下程序进行：

(1) 变压器、箱式变电所的基础验收合格，且对埋入基础的电线导管、电缆导管和变压器进、出线预留孔及相关预埋件进行检查，才能安装变压器、箱式变电所；

(2) 杆上变压器的支架紧固检查后，才能吊装变压器且就位固定；

(3) 变压器及接地装置交接试验合格，才能通电。

2. 成套配电柜、控制柜（屏、台）和动力、照明配电箱（盘）安装应按以下程序进行：

(1) 埋设的基础型钢和柜、屏、台下的电缆沟等相关建筑物检查合格，才能安装柜、屏、台；

(2) 室内外落地动力配电箱的基础验收合格，且对埋入基础的电线导管、电缆导管进行检查，才能安装箱体；

(3) 墙上明装的动力、照明配电箱（盘）的预埋件（金属埋件、螺栓），在抹灰前预留和预埋；暗装的动力、照明配电箱的预留孔和动力、照明配线的线盒及电线导管等，经检查确认到位，才能安装配电箱（盘）；

(4) 接地（PE）或接零（PEN）连接完成后，核对柜、屏、台、箱、盘内的元件规格、型号，且交接试验合格，才能投入试运行。

3. 低压电动机、电加热器及电动执行机构应与机械设备完成连接，绝缘电阻测试合格，经手动操作符合工艺要求，才能接线。

4. 柴油发电机组安装应按以下程序进行：

(1) 基础验收合格，才能安装机组；

(2) 地脚螺栓固定的机组经初平、螺栓孔灌浆、精平、紧固地脚螺栓、二次灌浆等机械安装程序；安放式的机组将底部垫平、垫实；

(3) 油、气、水冷、风冷、烟气排放等系统和隔振防噪声设施安装完成；按设计要求配置的消防器材齐全到位；发电机静态试验、随机配电盘控制柜接线检查合格，才能空载试运行；

(4) 发电机空载试运行和试验调整合格，才能负荷试运行；

(5) 在规定时间内，连续无故障负荷试运行合格，才能投入备用状态。

5. 不间断电源按产品技术要求试验调整，应检查确认，才能接至馈电网路。

6. 低压电气动力设备试验和试运行应按以下程序进行：

(1) 设备的可接近裸露导体接地（PE）或接零（PEN）连接完成，经检查合格，才能进行试验；

(2) 动力成套配电（控制）柜、屏、台、箱、盘的交流工频耐压试验、保护装置的动作试验合格，才能通电；

(3) 控制回路模拟动作试验合格，盘车或手动操作，电气部分与机械部分的转动或动作协调一致，经检查确认，才能空载试运行。

7. 裸母线、封闭母线、插接式母线安装应按以下程序进行：

(1) 变压器、高低压成套配电柜、穿墙套管及绝缘子等安装就位，经检查合格，才能安装变压器和高低压成套配电柜的母线；

(2) 封闭、插接式母线安装，在结构封顶、室内底层地面施工完成或已确定地面标高、场地清理、层间距离复核后，才能确定支架设置位置；

(3) 与封闭、插接式母线安装位置有关的管道、空调及建筑装修工程施工基本结束，确认扫尾施工不会影响已安装的母线，才能安装母线；

(4) 封闭、插接式母线每段母线组对接续前，绝缘电阻测试合格，绝缘电阻值大于20MΩ，才能安装组对；

(5) 母线支架和封闭、插接式母线的外壳接地（PE）或接零（PEN）连接完成，母线绝缘电阻测试和交流工频耐压试验合格，才能通电。

8. 电缆桥架安装和桥架内电缆敷设应按以下程序进行：

(1) 测量定位，安装桥架的支架，经检查确认，才能安装桥架；

(2) 桥架安装检查合格，才能敷设电缆；

(3) 电缆敷设前绝缘测试合格，才能敷设；

(4) 电缆电气交接试验合格，且对接线去向、相位和防火隔堵措施等检查确认，才能通电。

9. 电缆在沟内、竖井内支架上敷设应按以下程序进行：

(1) 电缆沟、电缆竖井内的施工临时设施、模板及建筑废料等清除，测量定位后，才能安装支架；

(2) 电缆沟、电缆竖井内支架安装及电缆导管敷设结束，接地（PE）或接零（PEN）连接完成，经检查确认，才能敷设电缆；

(3) 电缆敷设前绝缘测试合格，才能敷设；

(4) 电缆交接试验合格，且对接线去向、相位和防火隔堵措施等检查确认，才能通电。

10. 电线导管、电缆导管和线槽敷设应按以下程序进行：

(1) 除埋入混凝土中的非镀锌钢导管外壁不做防腐处理外，其他场所的非镀锌钢导管内外壁均做防腐处理，经检查确认，才能配管；

(2) 室外直埋导管的路径、沟槽深度、宽度及垫层处理经检查确认，才能埋设导管；

(3) 现浇混凝土板内配管在底层钢筋绑扎完成，上层钢筋未绑扎前敷设，且检查确认，才能绑扎上层钢筋和浇捣混凝土；

(4) 现浇混凝土墙体内的钢筋网片绑扎完成，门、窗等位置已放线，经检查确认，才能在墙体内配管；

(5) 被隐蔽的接线盒和导管在隐蔽前检查合格，才能隐蔽；

(6) 在梁、板、柱等部位明配管的导管套管、埋件、支架等检查合格，才能配管；

(7) 吊顶上的灯位及电气器具位置先放样，且与土建及各专业施工单位商定，才能在吊顶内配管；

(8) 顶棚和墙面的喷浆、油漆或壁纸等基本完成，才能敷设线槽、槽板。

11. 电线、电缆穿管及线槽敷线应按以下程序进行：

(1) 接地（PE）或接零（PEN）及其他焊接施工完成，经检查确认，才能穿入电线或电缆以及线槽内敷线；

(2) 与导管连接的柜、屏、台、箱、盘安装完成，管内积水及杂物清理干净，经检查确认，才能穿入电线、电缆；

(3) 电缆穿管前绝缘测试合格，才能穿入导管；

(4) 电线、电缆交接试验合格，且对接线去向和相位等检查确认，才能通电。

12. 钢索配管的预埋件及预留孔，应预埋、预留完成；装修工程除地面外基本结束，才能吊装钢索及敷设线路。

13. 电缆头制作和接线应按以下程序进行：

(1) 电缆连接位置、连接长度和绝缘测试经检查确认，才能制作电缆头；

(2) 控制电缆绝缘电阻测试和校线合格，才能接线；

(3) 电线、电缆交接试验和相位核对合格，才能接线。

14. 照明灯具安装应按以下程序进行：

(1) 安装灯具的预埋螺栓、吊杆和吊顶上嵌入式灯具安装专用骨架等完成，按设计要求做承载试验合格，才能安装灯具；

(2) 影响灯具安装的模板、脚手架拆除；顶棚和墙面喷浆、油漆或壁纸等及地面清理工作基本完成后，才能安装灯具；

(3) 导线绝缘测试合格，才能灯具接线；

(4) 高空安装的灯具，地面通断电试验合格，才能安装。

15. 照明开关、插座、风扇安装：吊扇的吊钩预埋完成；电线绝缘测试应合格，顶棚和墙面的喷浆、油漆或壁纸等应基本完成，才能安装开关、插座和风扇。

16. 照明系统的测试和通电试运行应按以下程序进行：

(1) 电线绝缘电阻测试前电线的接续完成；

(2) 照明箱（盘）、灯具、开关、插座的绝缘电阻测试在就位前或接线前完成；

(3) 备用电源或事故照明电源作空载自动投切试验前拆除负荷，空载自动投切试验合格，才能做有载自动投切试验；

(4) 电气器具及线路绝缘电阻测试合格，才能通电试验；

(5) 照明全负荷试验必须在本条的（1）、(2)、(4) 完成后进行。

17. 接地装置安装应按以下程序进行：

(1) 建筑物基础接地体：底板钢筋敷设完成，按设计要求做接地施工，经检查确认，才能支模或浇捣混凝土；

(2) 人工接地体：按设计要求位置开挖沟槽，经检查确认，才能打入接地极和敷设地下接地干线；

(3) 接地模块：按设计位置开挖模块坑，并将地下接地干线引到模块上，经检查确认，才能相互焊接；

(4) 装置隐蔽：检查验收合格，才能覆土回填。

18. 引下线安装应按以下程序进行：

(1) 利用建筑物柱内主筋作引下线，在柱内主筋绑扎后，按设计要求施工，经检查确认，才能支模；

(2) 直接从基础接地体或人工接地体暗敷埋入粉刷层内的引下线，经检查确认不外露，才能贴面砖或刷涂料等；

(3) 直接从基础接地体或人工接地体引出明敷的引下线，先埋设或安装支架，经检查确认，才能敷设引下线。

19. 等电位联结应按以下程序进行：

（1）总等电位联结：对可作导电接地体的金属管道入户处和供总等电位联结的接地干线的位置检查确认，才能安装焊接总等电位联结端子板，按设计要求做总等电位联结；

（2）辅助等电位联结：对供辅助等电位联结的接地母线位置检查确认，才能安装焊接辅助等电位联结端子板，按设计要求做辅助等电位联结；

（3）对特殊要求的建筑金属屏蔽网箱，网箱施工完成，经检查确认，才能与接地线连接。

二、成套配电装置的安装

成套配电装置是工程项目电气系统的重要组成部分，其安装技术质量的优劣直接关系到整个工程项目的质量。

1. 成套配电装置检查和验收要求

成套配电装置运抵现场后，应及时进行检查和验收。检查和验收成套配电装置时，主要是按照制造厂的有关规定及供货合同要求进行，开箱后应注意检查以下几点：

（1）设备的油漆应完整无损，外壳亦无变形及损伤。柜（盘）内部电器装置及元件、绝缘瓷瓶齐全，无损伤裂纹等缺陷，手柄无扭斜变形，手车、抽屉出入灵活，螺钉紧固、无锈蚀。接地线应符合有关技术要求，接地螺栓应完整，紧固螺栓的平垫、弹簧垫应齐全。

（2）设备和器材的型号、规格应符合设计要求，附件、备件的供应范围和数量应符合合同要求，而且元件外观无机械损伤。

（3）技术文件应齐全。所有的电气设备和元件均应有合格证，关键或贵重部件应有产品制造许可证的复印件，其证号应清晰。

（4）柜体几何尺寸应符合设计要求。在检查过程中，如果发现有缺件或型号、盘面尺寸、元件安装位置等与设计图纸不符，或因运输、搬运以及在拆箱过程中造成的损伤，均应会同有关部门确认后并一一记录，必要时要求生产厂家或供货单位进行修改。

2. 成套配电装置安装前建筑工程应具备的条件

（1）屋顶、楼板施工完毕，不得渗漏。

（2）预埋件和预留孔符合设计要求，预埋件牢固。

（3）进行装饰时有可能损坏已安装的设备或安装后不能再进行装饰的工作应全部结束。

（4）混凝土基础及构支架达到允许安装的强度和刚度，设备支架焊接质量符合要求。

（5）基坑已回填夯实。

3. 成套配电装置柜体安装要求

（1）将柜体按编号顺序分别安装在基础型钢上，应再找平找正。型钢顶部应高出抹平地面10mm，基础型钢有明显的可靠接地。

（2）柜、屏、箱、盘安装垂直度允许偏差为1.5‰，相互间接缝不应大于2mm，成列盘面偏差不应大于5mm。

（3）多台成列安装时，应逐台按顺序成列找平找正，并将柜间间隙调整为1mm左右，带紧螺栓后再进行整体调整，误差较大的还要作个别调整。

（4）全面复测一次，无误后将柜体的地脚螺栓拧紧。

（5）配电柜安装完毕后，应使每台柜均单独与基础型钢作接地（PE）或接零（PEN）

连接，以保证配电柜的接地牢固良好。

(6) 安装完毕后，还应再全面复测一次，并作好配电柜安装记录，并将各设备擦拭干净。

4. 成套配电装置检查调试要求

(1) 成套柜的检查项目

1) 机械闭锁、电气闭锁应动作准确、可靠。

2) 动触头与静触头的中心线应一致，触头接触紧密。

3) 二次回路辅助开关的切换接点应动作准确，接触可靠。

4) 柜内照明齐全。

(2) 抽屉式配电柜的检查项目

1) 抽屉推拉应灵活轻便，无卡阻、碰撞现象，抽屉应能互换。

2) 抽屉的机械联锁或电气联锁装置动作应正确可靠，断路器分闸后隔离触头才能分开。

3) 抽屉与柜体间的二次回路连接插件应接触良好。

4) 抽屉与柜体间的接触及柜体、框架的接地应良好。

(3) 手车式柜的检查项目

1) 检查防止电器误操作的装置齐全，并动作灵活可靠，即手车式柜应满足五防要求。

2) 手车推拉应灵活轻便，无卡阻、碰撞现象，相同型号的手车应能互换。

3) 手车推入工作位置后，动触头顶部与静触头底部的间隙应符合产品要求。

4) 手车和柜体间的二次回路连接插件应接触良好。

5) 安全隔离板应开启灵活，随手车的进出而相应动作。

6) 柜内控制电缆的位置不应妨碍手车的进出，并应牢固。

7) 手车与柜体间的接地触头应接触紧密，当手车推入柜内时，其接地触头应比主触头先接触，拉出时接地触头比主触头后断开。

5. 成套配电装置的验收要求

(1) 盘、柜的固定及接地应可靠，盘、柜漆层应完好、清洁、整齐。

(2) 盘、柜内所装电器元件应齐全完好，安装位置正确，固定牢靠。

(3) 所有二次回路接线应准确，连接可靠，标志齐全、清晰，绝缘符合要求。

(4) 手车或抽屉式开关柜在推入或拉出时应灵活，机械闭锁可靠，照明装置齐全。

(5) 柜内一次设备的安装质量验收要求应符合国家现行有关标准规范的规定。

(6) 用于热带地区的盘、柜具有防潮、抗霉和耐热性能。

(7) 盘、柜内及电缆管道安装完后作好封堵。结冰的地区应有防止管内积水结冰的措施。

(8) 操作及联动试验正确，符合设计要求。

三、变压器的安装

1. 变压器的二次搬运、吊装、就位

(1) 吊装保持变压器平衡上升，防止发生倾斜；二次搬运中不应有严重的冲击和强烈振动，更不可损伤高低压绝缘子。

(2) 变压器就位安装应按图纸设计要求进行，其方位和距墙尺寸应与图纸相符。装有气体继电器的变压器应有1%～1.5%坡度，高的一侧装在油枕方向，使气体继电器有良好的灵敏度。变压器的安装应采取抗震措施。

2. 吊芯检查及干燥

(1) 变压器的吊芯检查

变压器容量为560kVA以上（不包括560kVA）的变压器均应吊芯检查。变压器吊芯检查一般在变压器安装就位以后进行，其程序是：放油→吊铁芯→检查铁芯。

(2) 变压器的干燥

电力变压器的绝缘干燥系统，通常分成三个部分：加热装置、排潮装置、控制和保护装置。

1) 加热装置

安装现场通常采用电加热。如油箱铁损法、铜损法和热油法。热风法和红外线法仅用于干燥小型电力变压器。

2) 排潮装置

常用的有真空法、自然通风法、机械通风法和滤油法等。

3. 变压器的试验

变压器的试验内容（6个）：极性和组别测量；绕组连同套管一起的直流电阻测量；变压器变比测量；绕组连同套管一起的绝缘电阻测量；绝缘油的试验；交流耐压试验。

(1) 极性和组别测量：

可以采用直流感应法或交流电压法分别检测出变压器三相绕组的极性和连接组别。

(2) 绕组连同套管一起的直流电阻测量：

1) 安装现场常用的有电桥法和电压降法。

2) "测出的电阻，即为各相绕组的直流电阻"的情况是1种：当电力变压器三相绕组作星形连接，而且中性点引出时。

3) "测出的电阻，要通过相应公式换算得到各绕组电阻"的情况有两种：当电力变压器三相绕组作星形连接，但中性点不引出时；当电力变压器三相绕组作三角形连接时。

(3) 变压器变比测量。

(4) 绕组连同套管一起的绝缘电阻测量：

用2500V摇表测量各相高压绕组对外壳的绝缘电阻值，用500V摇表测量低压各相绕组对外壳的绝缘电阻值，测量完后，将高、低压绕组进行放电处理。

(5) 绝缘油的试验：

1) 绝缘油的击穿电压试验在专用的油杯中进行，试验用的油杯、电极和标准规等清洗注油后，静止10min，开始加电压试验。

2) 电压从零开始，以2～3kV/s的速度逐渐升高。一直到绝缘油发生击穿或达到绝缘油耐压试验器最高电压为止。这样重复进行，至少5次，记录每次绝缘油的击穿电压值，并取最后5次的平均值作为绝缘油的击穿电压值。试验时，绝缘油的温度保持在25℃左右。

(6) 交流耐压试验：

1) 电力变压器新装或大修注油以后，大容量变压器必须经过静止12h才能进行耐压试验。对10kV以下小容量变压器一般静止5h以上才能进行耐压试验。

2）交流耐压试验能有效地发现局部缺陷。

3）变压器交流耐压试验不但对绕组，对其他高低压耐压元件都可进行。

1.2 石油化工专业法规规范

1.2.1 《石油化工建设工程施工安全技术规范》GB 50484 强制性条文

一、通用规定

1. 现场管理

3.1.2 施工企业必须取得安全生产许可证。特种作业人员必须取得相应的上岗作业资格证。

3.1.7 所有进入施工现场的人员必须按劳动保护要求着装。

2. 施工环境保护

3.2.8 施工现场严禁焚烧各类废弃物。

3.2.12 严禁将未经处理的有毒、有害废弃物直接回填或掩埋。

3.2.25 从事辐射工作的人员必须通过辐射安全和防护专业知识及相关法律法规的培训考核和身体检查，并进行剂量监测。

3.2.26 放射性同位素与射线装置应妥善保管，使用场所应有防止受到意外照射的安全措施。

3. 受限空间作业

3.4.4 进入带有转动部件的设备作业，必须切断电源并有专人监护。

4. 高处作业

3.5.7 高处铺设钢格板时，必须边铺设边固定。

5. 焊接作业

3.6.11 在容器内进行气刨作业时，必须对作业人员采取听力保护措施。

6. 酸碱作业

3.8.5 酸碱及其溶液应专库存放，严禁与有机物、氧化剂和脱脂剂等接触。

二、临时用电

1. 用电管理

4.1.12 施工现场所有配电箱和开关中应装设漏电保护器，用电设备必须做到二级漏电保护。严禁将保护线路或设备的漏电开关退出运行。

2. 变配电及自备电源

4.2.5 两台及以上变压器，当电源来自电网的不同电源回路时，严禁变压器以下的配电线路并列运行。

4.2.13 临时用电自备发电机组电源应与外电线路联锁，严禁并列运行。

3. 配电线路

4.3.3 施工电缆应包含全部工作芯线和保护芯线。单相用电设备应采用三芯电缆，三相动力设备应采用四芯电缆，三相四线制配电的电缆线路和动力、照明合一的配电箱应采用五芯电缆。

4.3.6　电缆直埋时，低压电缆埋深不应小于0.3m；高压电缆和人员车辆通行区域的低压电缆，埋深不应小于0.7m。电缆上下应铺以软土或沙土，厚度不得小于100mm，并应盖砖等硬质保护层。

4. 配电箱和开关箱

4.4.4　用电设备应执行“一机一闸一保护”控制保护规定。严禁一个开关控制两台(条)及以上用电设备(线路)。

4.4.15　开关箱中漏电保护器的额定漏电动作电流不得大于30mA，额定漏电动作时间不得大于0.1s。在潮湿、有腐蚀介质场所和受限空间采用的漏电保护器，其额定漏电动作电流不得大于15mA，额定漏电动作时间不得大于0.1s。

4.4.16　手持电动工具和移动式设备相关开关箱中漏电保护器，其额定漏电动作电流不得大于15mA，额定漏电动作时间不得大于0.1s。

5. 接地与接零

4.5.2　在TN-S接零保护系统中，电气设备的金属外壳必须与保护接零线连接。保护零线应由工作接地线或配电室配电柜电源侧零线引出。

4.5.3　当施工现场与外电线路共用同一供电系统时，接地、接零方式必须与外电线路供电系统保持一致。

4.5.5　保护零线和工作零线自工作接地线或配电室配电柜电源侧零线分开后，不得再做电气接地。

4.5.7　保护零线必须在配电系统的始端、中间和末端处做重复接地，每处重复接地电阻不得大于10Ω。在工作接地电阻允许达到10Ω的电力系统中，所有重复接地的等效电阻值不得大于10Ω。工作零线不得做重复接地。

4.5.12　保护零线不得接入保护电器及隔离电器，设备电源线中的保护零线必须接地，不得断接。

6. 照明用电

4.6.3　行灯照明应使用安全特低电压，行灯电压不得大于36V。其中在高温、潮湿场所，行灯电压不得大于24V；在特别潮湿场所、受限空间内，行灯电压不得大于12V。

4.6.5　行灯变压器必须采用安全隔离变压器，严禁使用普通变压器和自耦变压器。安全隔离变压器的外露可导电部分应与PE线相连接做接零保护，二次绕组的一端严禁接地或接零。行灯外露可导电部分严禁直接接地或接零。行灯变压器必须有防水措施，并不得带入受限空间内使用。

4.6.7　隔离变压器的接线和使用应符合规范第4.6.5条的规定，隔离变压器开关箱中必须装设漏电保护器。灯具电源线必须用橡胶软线，穿过孔洞、管口处应设绝缘保护套管。灯具应固定装设，其位置应为施工人员不易接触到的地方，严禁将220V的固定灯具作为行灯使用。灯具必须有保护罩，严禁使用接线裸露的照明灯具。

三、起重作业

1. 一般规定

5.1.16　制作吊耳与吊耳加强板的材料必须有质量证明文件，且不得有裂纹、重皮、夹层等缺陷。

2. 吊车作业

5.2.5　作业中严禁扳动支腿操作阀。调整支腿必须在无载荷时进行，并将臂杆转至正前方或正后方。作业中发现支腿下沉、吊车倾斜等不正常现象时，必须放下重物，停止吊装作业。

5.2.12　吊车严禁超载、斜拉或起吊不明重量的工件。

3. 卷扬机作业

5.3.6　卷扬机作业中，严禁用手拉、脚踩运转的钢丝绳，且不得跨越钢丝绳。

4. 起重机索具

5.4.1　吊钩挂绳扣时，应将绳扣挂至钩底。严禁将吊钩直接挂在工件上。

5. 塔式起重机吊装作业

塔式起重机起重臂每次变幅必须空载进行，每次变幅后，根据工作半径和重物重量，及时对超载限位装置的吨位进行调整。起重机升降重物时，起重臂不得进行变幅操作。

6. 使用吊篮作业

5.6.4　吊篮必须处于完好状态，严禁超载使用。

四、脚手架作业

1. 脚手架用料

6.2.3　脚手架扣件应有质量证明文件，并应符合现行国家标准《钢管脚手架扣件》GB 15831 的规定。扣件使用前应进行质量检查。必须更换出现滑丝的螺栓，严禁使用有裂缝、变形的扣件。

2. 搭设、使用、拆除

6.3.4　除顶层步外，立杆接长的接头必须采用对接扣件连接，相邻立杆的对接扣件不得在同一高度内。

6.3.6　在每个主节点处必须设置一根横向水平杆，用直角扣件与立杆相连且严禁拆除。

6.3.12　作业层端部脚手板探出长度应为100～150mm，两端必须用铁丝固定，绑扎产生的铁丝扣应砸平。

6.3.21　使用过程中，应急对脚手架进行切割或施焊；未经批准，不得拆改脚手架。

6.3.22　拆除脚手架前应对脚手架的状况进行检查确认，拆除脚手架必须由上而下逐层进行，严禁上下同时进行，连接杆必须随脚手架逐层拆除，一步一清，严禁先将连接杆整层拆除或数层拆除后再拆除脚手架。

6.3.26　拆下的脚手杆、脚手板、扣件等材料应向下传递或用绳索送下，严禁向下抛掷。

五、安装专业

1. 管道安装

8.4.3　人工套丝时应握稳，机械套丝时不得戴手套。

2. 电气作业

8.5.3　无关人员严禁挪动电气设备上的警示牌。

8.5.6　操作人员必须穿绝缘鞋和戴绝缘手套。

8.5.7　在运行中的变、配电系统的高低压设备和线路上作业时，必须办理作业票；

必须切断电源、验电、接地，并装设围栏、悬挂警示标牌。

8.5.10 在室内配电装置某一间隔中工作时或在变电所室外带电区域工作时，带电区周围应设置临时围栏，悬挂警示牌。严禁操作人员在工作中拆除或移动围栏、携带型接地线和警示牌。

8.5.11 高压电气设备停电后，必须用验电器检验，不得有电。验电时应符合下列规定：

（1）验电器必须经试验合格；

（2）操作人员必须戴橡胶绝缘手套，穿绝缘鞋；

（3）验电时，必须有专人监护进行；

（4）室外设备验电必须在干燥环境中进行。

8.5.13 线路送电必须先通知用电单位，恢复供电应符合下列规定：

（1）作业人员应全部退出施工现场，并清点工具、材料，设备上不得遗留物件；

（2）拆除临时围栏和警示牌后，应恢复常设围栏，并同时办理工作票封票手续；

（3）合闸送电，应按先高压、后低压，先隔离开关、后主开关的顺序进行。

8.5.29 严禁采用预约停送电的方式，在线路和设备上进行任何作业。

3. 仪表作业

8.6.4 装运放射源的作业人员应经体检合格，装运时应穿好防护用品，严禁人体与放射源直接接触。放射性料位计安装时，应符合下列规定：

（1）支架的制作与安装应准确，焊接应牢固；

（2）放射源应用专用车运至现场；

（3）安装放射源，每人每次工作时间不得超过 30min；

（4）安装后应及时制作警示标示；

（5）严禁提前打开核子开关；

（6）调整放射源的位置时，每人每次工作时间不得超过 20min，并应减少作业人员数量。

8.6.9 进行有毒气体分析器校验时，应采取防毒措施。氧气分析器的校验现场，严禁有油脂、明火。

4. 涂装作业

8.7.9 受限空间内涂装作业应符合下列要求：

（1）受限空间内不得作为外来制作的涂漆作业场所；

（2）进入受限空间涂装作业前必须办理作业票，涂装作业人员进入前，应进行空气含氧量和有毒气体检测；

（3）作业人员进入深度超过 1.2m 的受限空间作业时，应在腰部系上保险绳，绳的另一头交给监护人员，作为预防性防护；

（4）严禁向密闭空间内通氧气和采用明火照明。

5. 隔热作业

8.8.15 隔热耐磨混凝土浇筑施工时必须符合下列规定：

（1）振动棒所用电线必须从容器外接入，严禁将 220V 电门箱放入容器；

（2）操作间隙必须将电源切断。

6. 耐压作业

8.9.7　在试压过程中发现泄漏时，严禁带压紧固螺栓、补焊或修理。

六、施工检测

1. 成分分析

9.3.3　剧毒药品管理应严格执行有关规定。剧毒药品必须存放在保险柜内由专人保管并建立台账。领取或使用时，必须有两人同时在场。

2. 无损检测

9.5.3　采购或租赁γ射线源时，必须持有登记许可证并向省级环境保护部门备案。

9.5.4　γ射线源的储存、领用应符合下列规定：

(1) γ射线源应存放在专用储源库内，其出入口处必须设置电离辐射警示标志和防护安全联锁、警示装置；

(2) 储源库的钥匙必须由2人管理，同时开锁方可开启库门；

(3) 新旧γ射线源的更换应采用专用换源器（倒源罐）进行，操作人员在一次更换过程中所受的当量剂量不应超过0.5mSv。废源应送回制造厂或当地指定γ源处理单位处理；

(4) 储存、领取、使用、归还γ射线探伤仪或倒源罐时必须进行登记、检查，做到账物相符。

9.5.7　现场射线检测场所应划分为辐射控制区和辐射监督区。在监督区内严禁进行其他作业。

七、施工机械

1. 起重吊装机械

10.3.9　起重机操作手、吊装指挥人员必须持证上岗。

10.3.28　塔式起重机安装完毕后，塔身与地面的垂直度偏差值不得超过3/1000。必须有行走、变幅、吊钩高度限位器和力矩限制器等安全装置，并应灵敏可靠。有升降式操作室的塔式起重机，必须有断绳保护装置。

10.3.33　任何人员上塔帽、吊臂、平衡臂等高处部位检查或修理作业时，必须佩戴安全带。

10.3.39　起重机运行时，严禁加油、擦拭、修理等工作；起重机维修时，必须切断电源，并挂上警示标志。

2. 铆、管机械

10.4.18　钻孔作业时，必须戴防护眼镜，严禁戴手套，严禁手持工件。

3. 运输机械

10.8.17　物料提升机严禁载人。禁止攀登架体和从架体下穿越。

10.8.26　新安装或转移工地重新安装以及经过大修后的升降机，在投入使用前，必须经过坠落试验。升降机在使用中每隔3个月应进行一次坠落试验，并保持不超过1.2m的制动距离。

4. 混凝土机械

10.10.3　当人需要进入筒内作业时，必须切断电源或卸下熔断器，锁好开关箱，挂上“禁止合闸”标牌，并有专人在外监护。

5. 装饰机械

10.13.4　作业后，应清洗喷枪。不得将溶剂喷回小口径溶剂桶内，并应防止产生静电火花。

1.2.2　《石油天然气建设工程施工质量验收规范》SY 4200～4211 强制性条文

一、通则

5.3　石油天然气建设工程施工质量交工验收应按下列要求进行验收：

（1）施工质量应符合本标准和相关专业施工质量验收规范的规定；

（2）施工应符合工程勘察、设计文件的要求；

（3）预试运（包括管道系统及设备的内部处理、电气及仪表调试、单机试运和联合试运等）合格；

（4）参加工程施工质量验收的各方人员应具备规定的资格；

（5）工程施工质量的验收均应在施工单位自行检查评定合格的基础上进行；

（6）隐蔽工程在隐蔽前应由施工单位通知有关单位进行验收，并形成验收文件；

（7）涉及结构安全的试块、试件以及有关材料，应按规定进行见证取样检测；

（8）检验批的质量应按主控项目和一般项目验收；

（9）承担见证取样检测及有关结构安全检测的单位应具有相应资质。

7.8　通过返修或加固处理仍不能满足结构、安全和使用要求的分部（子分部）工程、单位（子单位）工程，严禁验收。

8.6　单位（子单位）工程完工后，施工单位应自行组织有关人员进行检查评定，检查评定合格后向建设单位提交单位（子单位）工程质量交工验收申请报告。

8.7　建设单位收到单位（子单位）工程质量交工验收申请报告后，应由建设单位（项目）负责人组织施工（含分包单位）、设计、监理等单位（项目）负责人进行单位（子单位）工程质量验收。工程质量监督机构应参加单位（子单位）工程质量验收。

8.10　单位工程质量验收合格后，由工程质量监督机构在单位工程交接证书上填写工程质量评定意见，作为交工的依据。

二、设备安装工程

1. 机泵类设备

6.2.1　泵安装前应确认泵设备，包括电机、泵、泵组联合底座、地脚螺栓、垫铁的型号、规格、性能及技术参数等符合设计要求；核对机泵的主要安装尺寸是否与工程设计相符；泵设备的外表应无裂纹、损伤和锈蚀等缺陷，管口保护物和堵盖应完好；出厂合格证、随机技术文件、设备图纸、易损备件、随机工具等齐全完好。

2. 塔类设备

6.1.2.1　建设单位组织监理、施工单位对到货的塔进行到货检验，检验以设备装箱单为依据，主要内容包括：产品质量证明书、压力容器产品安全性能监督检验合格证书、竣工图、材料质量证明书等随机技术文件是否齐全；检查箱号、箱数及包装情况，塔的名称、型号及规格是否相符，表面是否有损伤、变形及锈蚀情况，内件及附件的规格、数量是否相符。

检验方法：检查随机资料及设备实体。

6.1.2.2　从事压力容器现场组焊、安装、改造、维修的施工单位应当按照《特种设备安全监察条例》要求在施工前办理书面告知。

检验方法：检查特种设备安装改造维修告知书。

6.1.2.3　从事压力容器现场组焊、安装、改造、重大维修过程的施工单位应按照《特种设备安全监察条例》要求申报监督检验。

检验方法：检查特种设备监督检验申请书。

6.2.2.1　塔内件应符合设计要求，并附有出厂合格证明书及安装说明等技术文件。

检查方法：逐项查阅随机文件。

6.2.2.2　塔的压力试验应符合设计要求。

检查方法：检查试压记录。

3. 容器类设备

6.2.1　整装容器应具有质量合格证明文件，规格、型号及性能检测报告应符合国家技术标准或设计文件要求。

6.2.5　钢制圆筒形压力容器和原油电脱水容器上的附件安装完毕后，应按设计要求进行压力试验。

6.2.6　常压容器的各种附件及接管安装完毕后，应进行试漏试验，时间不少于1h。

6.2.7　常压容器应严格按照设备技术文件或设计文件的要求施工。容器顶部应敞口或装设大气连通管，连通管上不得安装阀门。

7.1.3　容器类设备附件安全阀、防爆片、压力表、液位计安装位置正确，应符合设计要求和规范规定。

7.1.4　安全阀安装前应进行校验，并应按轴线垂直方向安装。

8.1.1　撬装设备应具有质量合格证明文件，规格、型号应符合设计文件要求。

4. 炉类设备

6.1.2.1　锅炉应具备出厂合格证和下列质量证明文件和技术资料：

(1) 锅炉总图；

(2) 锅炉工艺流程图；

(3) 流程图设备名称对照表；

(4) 热力计算结果汇总表；

(5) 锅炉质量证明书；

(6) 水阻力计算书；

(7) 强度计算书；

(8) 烟风阻力计算表；

(9) 安全阀排放量计算书；

(10) 热膨胀系数图；

(11) 安装使用说明书；

(12) 锅炉程序控制图；

(13) 锅炉动力原理图；

(14) 各项报警整定值；

(15) 锅炉配件证明书。

6.2.2.1　蒸汽管线接口焊缝应按 GB 3323 的规定进行射线探伤，探伤比例为100%，Ⅱ级为合格。

7.1.2.2　加热炉在安装前，制造厂与安装单位应进行交接验收，制造厂应提供技术资料且应符合下列要求：

(1) 产品出厂合格证。

(2) 产品说明书。产品说明书至少包括下列内容：

1) 产品特性（设计压力、工作压力、试验压力、设计温度、工作介质）；

2) 产品竣工图；

3) 主要零部件及附件表。

(3) 质量证明书。质量证明书至少应包括下列内容：

1) 受压元件材料的化学成分和机械性能；

2) 材质证明书、焊接材料合格证、焊接质量证明、隐蔽工程检查证明；

3) 安装使用说明书；

4) 设备、材料、配（构）件合格证明书；

5) 设计变更通知（联络）单；

6) 焊缝无损探伤结果；

7) 焊缝质量检查结果（包括超过两次的返修记录）；

8) 产品试板试验结果；

9) 水压试验结果；

10) 配套的仪器、仪表及专用工具清单；

11) 其他与图样不符合的项目。

7.2.2.1　安全阀应有合格证，安装前应经具有资格的单位检定合格，安全阀应安装垂直。

7.2.2.2　压力表安装应符合下列规定：

(1) 压力表应有出厂合格证，安装前应检定合格，其精度不低于1.5级。

(2) 压力表宜垂直安装，并力求和测压点位于同一水平面上，压力表的缓冲导压管内径应不小于10mm，导压管接头不得泄露。

三、储罐工程

5.1　储罐工程施工单位应具备相应的施工资质。球形储罐施工单位还应取得国家质量监督检验检疫总局颁发的A3级压力容器制造许可证。施工现场质量管理应有相应的施工技术标准、健全的质量管理体系、施工质量控制及质量检验制度、施工组织设计、质量计划、施工方案等技术文件。

5.12　球形储罐施工前，施工单位应按规定将拟进行现场制造的球形储罐情况书面告知球形储罐安装地特种设备安全监察机构，获得许可并与特种设备安全监察机构委托的压力容器安全检验单位取得联系，并接受其对质量体系运行及产品（工程）安全性能的监督检验。

6.1.1.4　施工单位应对制造单位提供的产品质量证明书等技术质量文件进行检查。

产品质量证明书等技术质量文件应符合《压力容器安全技术监察规程》的规定。

6.1.2.1　球形储罐的球壳板、人孔、接管、法兰、补强件、支柱及拉杆等零部件所用的材料及制造质量应符合设计要求和有关法规和标准的规定。

6.1.2.7　球壳的结构形式应符合设计图样要求。每块球壳板均不应拼接，且不应有裂纹、气泡、结疤、折叠和夹杂等缺陷。

7.1.2.1　焊工应持有有效的焊工资格证。

7.2.1.4.4　气压试验前应有安全防护措施，并经单位技术负责人批准。试验时应由本单位安全部门监督检查。气压试验时应设置两个或两个以上安全阀和紧急放空阀。

7.2.1.4.5　气压试验时应监测环境温度的变化和监视压力表读数，不得发生超压。

7.2.1.4.8　设计图样要求进行气密性试验的球形储罐，应在液压试验合格后进行气密性试验。

7.2.2.4　无损检测人员资格应符合 5.11 的规定。无损检测方法、无损检测比例及扩探、无损检测结果合格判定应符合图样或 GB 50094 的规定。

7.2.2.5　整体热处理恒温温度、恒温时间、300℃以上球壳表面任意两测温点的温差以及升/降温速度应符合设计图样或 GB 50094 的规定。

7.2.2.6　压力试验、气密性试验所用介质、介质温度、升压降压程序步骤、试验压力以及试验结果应符合 GB 50094 和设计文件的规定。

7.2.2.7　球形储罐在充水、放水过程中，应按规定对基础的沉降进行观测和记录。

9.1.1　储罐采用的材料和附件应具有质量合格证明书，并符合相应图样和国家现行标准规定。钢板和附件上应有清晰的产品标识。进口钢材产品的质量应符合设计文件和合同规定标准的要求。

9.1.8　标准屈服强度大于 390MPa 的钢板经火焰切割的坡口表面，应按 JB/T 4730.1～JB/T 4730.6 的规定进行磁粉或渗透检测，Ⅲ级合格。

9.2.1.1　厚度大于或等于 12mm 的弓形边缘板，应在两侧 100mm 范围内，按 JB/T 4730.1～JB/T 4730.6 的规定进行超声检查，Ⅲ级合格。如采用火焰切割坡口，应按 9.1.8 的规定对坡口表面进行检查和评定。

10.1.4　如焊缝有探伤要求，碳素结构钢应在焊缝冷却到环境温度、低台金结构钢应在完成焊接 24h 以后进行。

10.1.7　焊缝无损检测的方法和合格标准，应符合下列规定：

（1）按 JB/T4730.1—JB/T4730.6 的规定进行无损检测。

（2）射线无损检测技术等级为 AB 级。对标准屈服强度大于 390MPa 或厚度不小于 25mm 的碳素钢或厚度不小于 16mm 的低合金钢的焊缝，Ⅱ级合格，其他Ⅲ级合格。

（3）超声波检测，Ⅱ级合格。

（4）磁粉检测和渗透检测，Ⅲ级合格。

10.3.1.3　焊工应按 GB 50236 或《锅炉压力容器压力管道焊工考试与管理规则》中有关规定取得相关资格项目，并符合 GB 50128 中有关焊工考核的要求。

10.3.1.4　无损检测的人员应持有国家质量监督检验检疫总局颁发的特种设备检验检测人员证（无损检测人员）。Ⅰ级无损检测人员可在Ⅱ级和Ⅲ级人员的指导下，进行相应无损检测操作、记录检测数据、整理检测资料。Ⅱ级和Ⅲ级人员方可评定检测结果和签发报告。

10.3.1.6 罐底所有焊缝应采用真空箱法进行严密性试验，试验负压值不得低于53kPa，无渗漏为合格。

10.3.1.7 罐底焊接后应进行下列无损检测，质量合格标准应符合10.1.7的要求。

(1) 标准屈服强度大于390MPa的边缘板的对接焊缝，在根部焊道焊接完毕后，应进行渗透检测，在最后一层焊接完毕后，应再次进行渗透检测或磁粉检测。

(2) 厚度大于或等于10mm的罐底边缘板，每条对接焊缝的外端300mm，应进行射线检测；厚度小于10mm的罐底边缘板，每个焊工施焊的焊缝，应按上述方法至少抽查一条。

(3) 底板三层钢板重叠部分的搭接接头焊缝和对接罐底板的T字焊缝的根部焊道焊完后，在沿三个方向各200mm范围内，应进行渗透检测，全部焊完后，应进行渗透检测或磁粉检测。

(4) 标准屈服强度大于390MPa的钢板，其表面的焊疤应在磨平后进行渗透检测或磁粉检测，无裂纹、夹渣和气孔为合格。

10.5.1.6 标准屈服强度大于390MPa的钢板，其表面焊疤的处理及检验要求应符合10.3.1.7 (4) 的规定。

10.5.1.7 罐壁焊接后应按设计图样或下列要求进行无损检测，合格标准应符合10.1.7的规定，焊缝无损检测的抽查位置应由质量检验员在现场确定。

10.5.1.8 底圈罐壁与罐底的T形焊缝的罐内角焊缝，应按下列要求进行无损检测，合格标准应符合10.1.7的规定。

(1) 当罐底边缘板的厚度大于或等于8mm，且底圈壁板的厚度大于或等于16mm，或标准屈服强度大于390MPa的任意厚度的钢板，在罐内及罐外角焊缝焊完后，应对罐内角焊缝进行磁粉检测或渗透检测，在储罐充水试验后，应用同样方法进行复验；

(2) 标准屈服强度大于390MPa的钢板，罐内角焊缝初层焊完后，应进行渗透检测。

10.7.1.6 标准屈服强度大于390MPa的钢板，表面焊疤的处理要求及检查数量、检验方法同10.3.1.7 (4) 的规定。

10.9.1.5 标准屈服强度大于390MPa的钢板，浮顶表面焊疤的处理要求及检查数量、检验方法同10.3.1.7 (4) 的规定。

10.9.1.6 浮顶底板的焊缝，应采用真空箱法进行严密性试验，试验负压值不应低于53kPa；船舱内外边缘板与隔舱板的焊缝，应用煤油试漏法进行严密性试验；船舱顶板和双浮顶顶板的焊缝，应逐舱鼓入压力为785Pa (80mm水柱) 的压缩空气进行严密性试验，均以无泄漏为合格。

10.10.1.3 标准屈服强度大干390MPa的钢板或厚度大于25mm的碳素钢及低合金钢钢板上的接管角焊缝和补强板角焊缝，应在焊完后或消除应力热处理后及充水试验后进行渗透检测或磁粉检测，质量合格标准应符合10.1.7的要求。

10.10.1.4 开孔的补强板焊完后，由信号孔通入100～200kPa压缩空气，检查焊缝严密性，无渗漏为合格。

10.11.1.1 立式储罐充水前应编制充水试验方案，并进行技术交底，应明确试验内容及试验过程中的安全注意事项。

10.11.1.2　罐底充水时的严密性试验，应以罐底无渗漏为合格。

10.11.2.2　罐壁的强度和严密性试验，应在充水到设计最高液位并保持48h后以罐壁无渗漏、无异常变形为合格。

10.11.2.3　固定顶的强度和严密性试验，以罐顶无异常变形、焊缝无渗漏为合格。

10.11.2.4　固定顶的稳定性试验，以罐顶无异常变形为合格。

10.11.2.5　浮顶及内浮顶充水升降试验，应以浮顶及内浮顶升降平稳和导向机构、密封装置及自动通气阀支柱无卡涩现象、扶梯转动灵活、浮顶及其附件与罐体上的其他附件无干扰、浮顶与液面接触部分无渗漏为合格。

10.11.2.6　浮顶排水管的严密性试验应符合下列规定：

（1）储罐充水前，以390kPa压力进行严密性试验，持压30min应无渗漏。

（2）在浮顶的升降过程中，浮顶排水管的出口应保持开启状态。储罐充水试验后，应重新按本条（1）的要求进行严密性试验。

10.11.2.7　基础沉降观测试验应符合以下规定：

（1）罐基础直径方向上的沉降差不应超过许可值；

（2）支撑罐壁的基础部分不应发生沉降突变；

（3）沿罐壁圆周方向任意10m弧长内的沉降差不应大于25mm。

11.3.2.5　薄涂型防火涂料的涂层厚度应符合有关耐火极限的设计要求。厚涂型防火涂料涂层的厚度，80％及以上面积应符合有关耐火极限的设计要求，且最薄处厚度不应低于设计要求的85％。

四、油气田集输管道工程

5.3　施工作业人员应持证上岗，且应具有相应资格。

5.4　石油天然气建设工程采用的材料应符合设计文件要求，并具有材质证明书或复验报告。

5.6　计量器具应经过法定计量机构检定合格，并在有效期内。

10.1.1　管道焊接前，应按SY/T4103的要求进行焊接工艺评定。然后根据评定合格的焊接工艺，编制焊接工艺规程。

10.1.2　管道焊接施焊人员应持有相应项目的资格证书并持证上岗。

11.2　焊接材料的牌号及规格应符合焊接工艺规程的规定。

11.2.1　补口及补伤所用材料应具有产品质量证明书和复验报告。

11.2.2　防腐层补口补伤后不应有漏点。

检查数量：全部检查。

检验方法：用高压电火花检漏仪检查。

12.2　保温材料应具有产品质量证明书和复验报告。

检查数量：全部检查。

检验方法：检查合格证或复验报告。

13.2.4　管道下沟回填后应用音频检漏仪检测防腐层，每10km漏点不超过5点。

检查数量：全部检查。

检验方法：用音频检漏仪检查。

14.1.9　试压用的压力表应经过法定计量机构检定合格，并在有效期内，其精度等级不应低于 1.5 级，量程宜为最大试验压力的 1.5 倍。试压用的温度计分度值不应大于 1℃。

16.2.1 穿越管道、套管及焊接材料的材质、型号、规格应符合设计要求。

检查数量：全部检查。

检验方法：检查出厂合格证及材质证明书。

16.3.2 管道穿入套管后用 500V 兆欧表测量绝缘电阻，其值应大于 2MΩ。

检查数量：全部检查。

检验方法：用兆欧表测量。

17.2 管材、焊材、防腐保温材料和建材的材质、规格、型号应符合设计要求。

检查数量：全部检查。

检验方法：检查出厂合格证及材质证明书。

18.2.2，19.2.2 绝缘接头的绝缘电阻应用 500V 兆欧表测量，其值应大于 2MΩ。

检查数量：全部检查。

检验方法：用兆欧表测量。

五、自动化仪表工程

5.1 自动化仪表工程的施工应遵循 GB 50093、GB 50166、GB 50235、GB 50236 和 GB/T 50312 的相关规定。爆炸和火灾危险环境的自动化仪表工程施工，还应符合国家现行的有关标准、规范的规定。

5.2 安装在爆炸危险环境的仪表、仪表线路、电气设备及材料，其规格型号必须符合设计文件规定。防爆设备应有铭牌和防爆标志，并在铭牌上标明国家授权的部门所发给的防爆合格证编号。

17.2 因客观条件限制未能进行验收的工程，在办理交工验收手续时，应详细说明不能验收的原因，并提出整改的意见、整改时间、对复验的建议。

17.3 对检验发现的存在安全、质量隐患的工程，未经整改合格，不得办理交工验收手续，不得投入正常运行。

六、电器工程

7.2.3 爆炸、火灾危险环境使用的电缆，其规格、型号应符合设计规定。

7.2.4 金属电缆支架、桥架及其引入、引出的金属导管应接地（PE）可靠，金属电缆桥架及其支架全长不应少于两处与接地（P 置）干线相连。非镀锌电缆桥架间连接板的两端跨接铜芯接地线，接地线最小允许截面积不小于 $4mm^2$，镀锌电缆桥架间连接板的两端不应跨接接地线，但连接板两端应有不少于 2 个防松螺帽或防松垫圈的连接固定螺栓。

8.2.4.4 金属导管的接地及连接应符合 CB 50303 的要求。

9.1.2 设备的可接近裸露导体接地（PE）连接完成后，经检查合格后方能进行试验。

10.1.1 母线支架和封闭、插接式母线的外壳接地（PE）连接完成，母线绝缘电阻测试和交流工频耐压试验合格后才能通电。

10.1.7 绝缘子的底座、套管的法兰、保护网（罩）及母线支架等可接近裸露导体应接地（PE）可靠，并不应作为接地（PE）的接续导体。

20.1.2 大（重）型灯具安装用的吊钩、预埋件应埋设牢固，吊杆及其销杆的防松、防震装置齐全、可靠。吊钩圆钢直径不应小于灯具挂销直径，且不应小于 6mm。并应按灯具重量的 2 倍做过载试验。

20.1.3　当灯具距地面高度小于 2.4m 时，灯具的可接近裸露导体应接地（PE）可靠，并应有专用接地螺栓和标识。

20.1.4　爆炸、危险环境所用产品应符合设计规定，有相应防爆措施。灯具的防爆标志、外壳防护等级和温度组别应与爆炸危险环境相适配。

20.2.1.6　单相两孔插座，面对插座的右孔或上孔与相线连接，左孔或下孔与中性线（N）连接；单相三孔插座，面对插座的右孔与相线连接，左孔与中性线（N）连接；单相三孔、三相四孔及三相五孔插座的地线（PE）或零线（PEN）接在上孔。插座的接地端子不应与零线端子连接。同一场所的三相插座，接线的相序应一致；接地（PE）或接零（PEN）线在插座间不应串联连接。

21.1.4　发电机本体和机械部分的可接近裸露导体应接地（PE）可靠。发电机中性线（N）应与接地干线直接连接，螺栓防松零件应齐全，且有标识。

21.2.1.4　防爆电机接线应符合 GB 50257 的规定，电缆进入电机接线盒时应使用防爆挠性连接管或填料函，并且填料函密封符合要求。

第2章　石油化工工程项目管理

2.1　合同管理案例

【案例一】

1. 背景资料

2008年1月，某市石油公司与该市永丰安装工程公司签订一份《加油站维修项目协议书》，该协议书约定：永丰公司为石油公司提供加油站维修服务，合同期限为1年，永丰公司按照石油公司提供的图纸施工，合同价款以石油公司最终审定的结算报告为准，验收合格后1星期内办理结算。但协议书没具体约定维修哪座加油站。2008年2月，石油公司将1座加油站的维修工程承包给永丰公司，两个月后，该工程顺利完工，双方办理了结算手续。2008年8月，石油公司决定对辖区内的另外3座加油站进行维修。根据上级公司要求，决定进行公开招标。永丰公司也参加了投标，但由于报价太高，均未中标。于是，石油公司将维修工程发包给另外两家中标的工程公司，并与之签订了工程维修合同。永丰公司认为石油公司违约。理由是双方于1月份已经签订了《加油站维修项目协议书》，约定永丰公司为石油公司提供加油站维修服务，合同期限为1年。应当认为本年度内的所有加油站维修工程均应由其承包。

2. 评析

在本案例中，双方之所以发生争议，主要在于双方签订的合同中没有明确约定合同标的，于是给了对方可乘之机。合同标的是合同最重要的条款之一，合同当事人应当在合同中对此作出明确约定，否则容易引发争议。因此，《中华人民共和国合同法》第十二条规定，合同一般包括以下条款：双方当事人、标的、数量、质量、价款、履行期限地点和方式、违约责任和解决争议的方法。

本案中，石油公司与永丰公司签订的合同，没有明确约定具体的维修对象，容易让人误解为包括本年度内所有的加油站维修工程项目。

3. 结论

本案例经市仲裁委员会裁决：石油公司应该按照合同将本年度所有加油维修服务交永丰公司完成。

【案例二】

1. 背景资料

某市化工公司因建化工车间与建设工程总公司签订了建设工程承包合同。其后，经市化工公司同意，建设工程总公司分别与市化工设计院和市××建设工程公司签订了建设工程勘察设计合同和化工安装合同。建设工程勘察设计合同约定由市化工设计院对化工公司的化工车间生产装置、化学库、化工储罐、给水排水及采暖外管线工程提供勘察、设计服务，做出工程设计书及相应施工图纸和资料。化工安装合同约定由××建设工程公司根据市化工设计院提供的设计图纸进行施工，工程竣工时依据国家有关验收规定及设计图纸进行质量验收。合同签订后，化工设计院按时做出设计书并将相关图纸资料交付××建设工程公司，化工公司依据设计图纸进行施工。工程竣工后，发包人会同有关质量监督部门对工程进行验收，发现工程存在严重质量问题，是由于设计不符合规范所致。原来市化工设计院未对现场进行仔细勘察即自行进行设计导致设计不合理，给发包人带来了重大损失。

2. 评析

本案中，某市化工公司是发包人，市建设工程总公司是总承包人，市化工设计院和××建设工程公司是分包人。对工程质量问题，建设工程总公司作为总承包人应承担责任，而市化工设计院和××建设工程公司也应该依法分别向发包人承担责任。

根据《合同法》第二百七十二条中的“总承包人或者勘察、设计、施工承包人经发包人同意，可以将自己承包的部分工作交由第三人完成。第三人就其完成的工作成果与总承包人或者勘察、设计、施工承包人向发包人承担连带责任。承包人不得将其承包的全部建设工程转包给第三人或者将其承包的全部建设工程肢解以后以分包的名义分别转包给第三人”的规定，所以本例由市建设工程总公司和市化工设计院共同承担连带责任是正确的。值得说明的是：依《合同法》本例中建设工程总公司作为总承包人不自行施工，而将工程全部转包给他人，虽经发包人同意，但违反禁止性规定，亦为违法行为。

3. 结论

建设工程总公司作为总承包人应承担责任，而市化工设计院和××建设工程公司也应该依法分别向发包人承担责任。

【案例三】

1. 背景资料

2010年3月18日，安装公司与某石化公司签订工程承包协议一份，约定：由安装公司承建该石化公司一个厂区的设备安装工程。同年5月10日，安装公司又与挂靠在公司名下从事安装业的徐某协商，约定：安装公司将其所承包的上述工程转包给徐某，安装公司按工程决算收入的2.8%向徐某收取管理费，工程的一切债权债务均由徐某负责等。当日，徐某向安装公司出具承诺书一份。同年10月，徐某又将上述工程的绝热施工工程分包给顾某。2011年3月，顾某完成了施工任务。2011年3月25日，徐某与顾某结账，应支付顾某人工工资15700元，并向顾某出具欠条一份。此后，顾某多次向徐某追要欠款未果。

2. 评析

本案是一起因建设工程转包后又分包而引起的拖欠民工工资诉讼。因此，确定本案工资支付主体的关键就是要审查转包和分包行为的合法性。

由于建设工程质量直接关系到人民群众的生命和财产安全，不但会造成工程质量出现问题，而且可能会引起其他一些不良的反应，如拖欠民工工资、安全管理存在隐患等。为此，我国在相关的法律、行政法规以及部委规章中对工程建设过程中发生的转包和违法分包现象作出了强制性规定。

所谓转包，是指承包单位承包建设工程后，不履行合同约定的责任和义务，将其承包的全部建设工程转给他人或者将其承包的全部建设工程肢解以后以分包的名义分别转给其他单位承包的行为。《中华人民共和国合同法》第二百七十二条第二款、第三款规定：“承包人不得将其承包的全部建设工程转包给第三人完成或者将其承包的全部建设工程肢解以后以分包的名义分别转包给第三人。禁止承包人将工程分包给不具备相应资质条件的单位。禁止分包单位将其承包的工程再分包。建设工程主体结构的施工必须由承包人自行完成。"《建设工程质量管理条例》第二十五条第三款规定："施工单位不得转包或者违法分包工程。"因此，施工单位基于转包和违法分包而签订的合同，违反了法律和行政法规的强制性规定，应当是无效合同。《最高人民法院关于审理建设工程施工合同纠纷案件适用法律问题的解释》第四条规定："承包人非法转包、违法分包建设工程或者没有资质的实际施工人借用有资质的建筑施工企业名义与他人签订建设工程施工合同的行为无效。"本例中，安装公司将其承包的工程转包给徐某显然违反了上述规定，虽然双方之间约定了工程的一切债务均由徐某自行承担，但该约定只在其双方之间发生法律效力，而不能对抗善意的第三人，安装公司仍然要对其转包工程的违法行为承担给付欠款的法律责任。

3. 结论

安装公司与石化公司订立的建设工程施工合同符合法律的有关规定，应当认定合法有效。安装公司将其承接的工程转包给徐某施工，该转包行为违反了法律规定，是无效的。徐某在施工期间又将设备绝热工程分包给顾某，也违反了法律规定。鉴于徐某与顾某就完成的工程量已经进行了结算，且出具了欠条，其应当承担给付欠款的责任。安装公司与徐某之间形成的挂靠关系，违反了法律的禁止性规定，其应当对徐某履行无效合同产生的法律后果承担连带责任。因此安装公司应该支付徐某对顾某的欠款。

【案例四】

1. 背景资料

2012 年 5 月，某燃气公司为修建燃气罐项目与 A 建设工程公司签订一份建设工程合同。当地基基础工程基本完工时，因燃气公司亏损不能按期支付工程进度款，A 建设工程公司被迫停工。在停工期间，燃气公司被 B 公司收购。B 公司决定对该项目进行改扩建，因此对该项目重新进行勘察、设计，而且与 C 公司重新签订建设工程承包合同，并通知 A 建设工程公司原合同解除，此时 A 建设工程公司已停工 3 个月。在协商解除原建设工程承包合同时，因工程欠款及停工停建等损失问题双方未能达成一致意见，为追讨损失，A 建设工程公司请求相关部门裁决。

2. 评析

本案例的重点有两个：

(1) 燃气公司被 B 公司收购后，B 公司对该公司债权债务的继承。

《公司法》第一百八十四条规定：公司合并可以采取吸收合并和新设合并两种形式。一个公司吸收其他公司为吸收合并，被吸收的公司解散。两个以上公司合并设立一个新的公司为新设合并，合并各方解散。公司合并，应当由合并各方签订合并协议，并编制资产负债表及财产清单。公司应当自作出合并决议之日起十日内通知债权人，并于三十日内在报纸上至少公告三次。债权人自接到通知书之日起三十日内，未接到通知书的自第一次公告之日起九十日内，有权要求公司清偿债务或者提供相应的担保。不清偿债务或者不提供相应的担保的，公司不得合并。公司合并时，合并各方的债权、债务，应当由合并后存续的公司或者新设的公司承继。

(2)《合同法》对订立合同后的兼并也有相应规定，第九十条"当事人订立合同后合并的，由合并后的法人或者其他组织行使合同权利，履行合同义务。当事人订立合同后分立的，除债权人和债务人另有约定的以外，由分立的法人或者其他组织对合同的权利和义务享有连带债权，承担连带债务”。

因此，B公司兼并燃气公司后，应对该燃气公司与A建设工程公司订立的建设工程合同继续履行。

3. 结论

B公司单方解除该建设工程承包合同，无合同依据，也无法律依据，因此是违约行为。《合同法》第一百零七条规定，“当事人一方不履行合同义务或者履行合同义务不符合约定的，应当承担继续履行、采取补救措施或者赔偿损失等违约责任”。该案例中B公司改变了投资计划，因此该合同不能实际履行，因此A建设工程公司可要求赔偿损失，包括工程实施部分的工程款（包括依据合同可得的索赔款）和预期可得利润，但不得超过违反合同一方订立合同时预见到或者应当预见到的因违反合同可能造成的损失。

【案例五】

1. 背景资料

2010年11月9日，某工程施工企业（承包人）与某化工公司（发包人）签订了一份建设工程施工合同，约定：施工企业根据化工公司提供的施工图纸为其建造一座加气站，承包方式为包工包料，工程价款依照工程进度支付。工程进行当中，化工公司多次拖延给付工程进度款。后经协商双方达成协议，由施工企业先行垫付一部分资金，利息按同期银行贷款利率计算，化工公司应于两个月后将欠付工程款及施工企业垫资的利息返还给施工企业。但是两个月后，化工公司并未返还相应款项。施工企业多次以书面的形式催要均没有结果，于是以化工公司未能如约支付工程款，导致自己不能正常履行合同义务为由，请求解除双方的建设工程施工合同，并要求化工公司赔偿损失、返还施工企业的垫资及利息。

2. 评析

我国《最高人民法院关于审理建设工程施工合同纠纷案件适用法律问题的解释》第九条规定：“发包人具有下列情形之一，致使承包人无法施工，且在催告的合理期限内仍未履行相应义务，承包人请求解除建设工程施工合同的，应予支持：第一，未按约定支付工程价款的；第二，提供的主要建筑材料、建筑构配件和设备不符合强制性标准的；第三，不履行合同约定的协助义务的。”由此可见，只有在发包人迟延支付价款，致使承包人无法继续履行合同义务，关系到合同目的不能实现时，承包人履行催告义务后，发包人在合理期间仍拒不支付工程价款，承包人才可行使合同解除权，解除建筑施工合同。

同样，《解释》第八条还规定：“承包人具有下列情形之一，发包人请求解除建设工程施工合同的，应予支持：第一，明确表示或者以行为表明不履行合同主要义务的；第二，合同约定的期限内没有完工，且在发包人催告的合理期限内仍未完工的；第三，已经完成的建设工程质量不合格，并拒绝修复的；第四，将承包的建设工程非法转包、违法分包的。”

3. 结论

因化工公司未按合同约定支付工程款，迟延支付价款，致使施工企业无法继续履行合同义务，并导致合同目的不能实现，而且，在施工企业履行催告义务后，化工公司在合理期间内仍拒不支付工程价款。在这种情况下，施工企业行使合同解除权、申请解除建筑施工合同的做法是符合我国法律的规定，并且根据我国《合同法》“因一方违约导致合同解除的，违约方应当赔偿因此给对方造成的损失”的有关规定，在双方的建设工程施工合同解除后，已经完成的建设工程质量合格的，化工公司应当按照约定支付相应的工程款，并赔偿其损失。

【案例六】

1. 背景资料

2009年初，江苏某化工工程公司（以下简称工程公司）承建了广州某化工厂设备更新改造工程。2011年7月，包工头赵某出具一张欠条给材料商钱某。欠条载明：“今欠钱某工程材料款共计人民币300000元，以前所有欠条作废，以此条为准。”次日，工程公司设立的不具备法人资格的广州分公司（以下简称分公司）负责人王经理在该欠条上注明“同意从设备改造工程款中扣除”，并加盖分公司的印章。据了解，分公司虽然是一个不具有法人资格的单位，但王经理在设备改造建设期间，是具有工程公司授予的“委托权”的。这份由工程公司出具的“法人授权委托书”，主要内容为“授权王××为其代理人，负责分公司的经营管理，有效期限从2010年1月31日至2010年6月30日止”。

之后，赵某偿还钱某100000元，其中有30000元是经分公司支付的。但余款钱某久追无果。

2. 评析

本案争议的焦点是王经理的行为是否构成表见代理，如果构成，则工程公司依法应承担支付材料款的法律责任。

所谓表见代理，本属于无权代理，但因本人（即本案中的化工公司）与无权代理人（即本案中王经理）之间的关系，具有外表授权的特征，致使相对人（即本案中的钱某）有理由相信行为人有代理权而与其发生法律关系。在这种情况下，依照《中华人民共和国合同法》第四十九条的规定，“行为人没有代理权、超越代理权或代理权终止后以被代理人名义订立合同，相对人有理由相信行为人有代理权的，该代理行为有效。”

构成表见代理应具备两个基本要件：一是相对人（即本案中的钱某）在主观上须为善意且无过失。所谓善意是指相对人不知道也不应当知道行为人（本案中的王经理）所为的事项并无代理权，而且这种不知道并非相对人的疏忽或懈怠所致。所谓无过失是指相对人对自己不知行为人无代理权一事在主观上没有过失。如相对人非善意或有过失，则本人（本案中的化工公司）不承担责任。二是客观上有使相对人误信行为人有代理权的表见事实和现象。

实践证明，表见代理责任已经使许多管理不是那么严格的企业陷入债务泥潭，成为吞噬企业资产的黑洞。因此，企业在商务活动中应当注意以下几点：

（1）委托人应严格授权委托书的签发，出具时应明确授权的具体事项、授权的权限、时间期限等内容。

（2）在授权期限届满或提前取消授权时，应当及时告知相对人，并及时收回交给被授权人的公章、合同章以及加盖有印章的空白合同书、介绍信等物件。

（3）在未明情况下，不要轻易为本公司以外的人员、公司和其他组织提供转账等便利，因为向他人提供转账等便利，该单位往往被认为已认可行为人的行为。

（4）企业应当制定行之有效的对外订立合同管理制度和印章管理制度，加强对各级管理人员从事商务活动的监管。

（5）与他人进行交易时，应注意审查对方有无代理权以及其代理权限和期限如何等基本内容，以免给自己造成不必要的损失。

3. 结论

本例中，赵某向钱某出具欠条后，分公司的负责人王经理在赵某出具的欠条上签字“同意从设备改造款中扣除”并盖章，虽然王经理在该欠条上签字盖章不是在工程公司的授权期限内，但他当时仍然掌管着分公司的印章，因此，钱某有理由相信王经理仍有权代理工程公司对分公司进行经营管理。王经理在欠条上签字盖章确认债务的行为符合《中华人民共和国合同法》第四十九条“行为人没有代理权、超越代理权或代理权终止后以被代理人名义订立合同，相对人有理由相信行为人有代理权的，该代理行为有效。”的规定，故王经理的行为属于表见代理行为，其当时所行使的行为是职务行为而非个人行为。因分公司是工程公司设立的不具备法人资格的分支机构，故工程公司应承担民事责任。工程公司应对债务承担连带清偿责任。

【案例七】

1. 背景资料

建设单位与施工单位对某石化工程建设项目签订了施工合同，在合同中有这样的规定条款，施工过程中，如造成窝工的过错方为建设单位，则机械的停工费和人工窝工费可按工日费和台班费的50%结算进行赔偿支付。建设单位还与监理单位签订了施工阶段的监理合同，合同中规定监理工程师可直接签证、批准5天以内的工期延期和50000元人民币以内的单项费用索赔。工程按下列网络计划进行。其关键线路为A-E-H-I-J。在施工过程中，出现了下列一些情况，影响一些工作暂时停工（同一工作由不同原因引起的停工时间都不在同一时间内）。

（1）因业主不能及时供应材料，使E延误3天，G延误2天，H延误3天。

（2）因机械发生故障检修，使E延误2天，G延误2天。

（3）因业主要求设计变更，使F延误3天。

（4）因公网停电，使F延误1天，I延误1天。

施工网络图见图2-1。

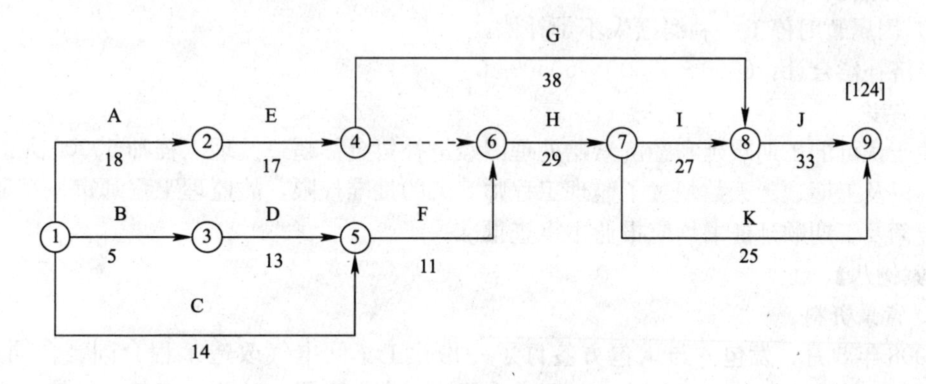

图2-1　施工网络计划图

窝工损失索赔按下列方法计算：

（1）机械设备窝工费

E工序吊车2400元/台班；F工序搅拌机700元/台班；G工序小型机械550元/台班；H工序搅拌机700元/台班。

(2) 人工窝工费

E 工序 30 人×280 元/工日；F 工序 35 人×280 元/工日；G 工序 15 人×280 元/工日；H 工序 35 人×280 元/工日；I 工序 20 人×280 元/工日。

2. 评析

(1) 由于业主不能及时供应材料，使 E 延误 3 天，G 延误 2 天，H 延误 3 天。

由于业主原因造成工期延误，窝工费用应该补偿。工期补偿只能是应该会影响施工进度才能补偿。

因 E、H 在关键线路上，因此可以获得补偿；G 延误 2 天虽然是业主原因造成，但不在关键线路上，且延误的工期小于自由时差，因此工期不能补偿。

(2) 由于机械发生故障检修，使 E 延误 2 天，G 延误 2 天。

机械发生故障，是施工单位自身原因造成，不予补偿。

(3) 因业主要求设计变更，使 F 延误 3 天。

该设计变更属于业主责任，窝工费用应该补偿。但 F 不在关键工序上，且延误时间少于自由时差，不予补偿工期。

(4) 因公网停电，使 F 延误 1 天，I 延误 1 天。

属于业主责任，窝工费用应该补偿。因 I 在关键工序上，应该补偿。但 F 不在关键工序上，且延误工期少于自由时差，不予补偿。

3. 工期及费用补偿计算：

(1) 工期补偿

应补偿的工期：因关键工作延误天数一共为 7 天，非关键工作延误 5 天，但非关键工作延误的时间少于自由时差，所以监理工程师认可顺延工期 7 天。

(2) 经济索赔

1) 机械闲置费：(3×2400+4×700+2×550+3×700)×50%=6600 元。

2) 人工窝工费：(3×30+4×35+2×15+3×35+1×20)×280×50%=53900 元。

3) 因属暂时停工，间接费损失不予补偿。

4) 因属暂时停工，利润损失不予补偿。

经济补偿合计：6600+53900=60500 元。

4. 结论

关于认可的工期顺延和经济索赔处理因经济补偿金额超过监理工程师 50000 元的批准权限，以及工期顺延天数超过了监理工程师 5 天的批准权限，故监理工程师审核签证经济索赔金额及工期顺延证书均应报业主审查批准。

【案例八】

1. 背景资料

2008 年 5 月，发包方与承包方签订了一份化工车间电气改造工程合同。合同规定：由承包方承建该发包方的电气改造工程。合同对工期、质量、验收、拨款、结算等都作了详细规定。2009 年 6 月，电气线路进行隐蔽之前，承包方通知该发包方派人来进行检查。然而，发包方由于种种原因迟迟未派人到施工现场进行检查。由于未经检查，承包方只得暂时停工，并顺延工程日期十余天，该承包方为此蒙受了近 5 万元的损失。

2. 评析

本案例的纠纷是因隐蔽工程的验收而引起的。何谓隐蔽工程呢？隐蔽工程是指被建筑物遮掩的工程，包括地基工程、钢筋工程、承重结构工程、防水工程、装修与设备工程，建筑物的地基，供水、供气、供热、管线，电气管线等都属于隐蔽工程。

由于隐蔽工程在整体工程竣工后不便于验收，而隐蔽工程的质量又至关重要，因此《合同法》专门规定了隐蔽工程的检查和验收。《合同法》第二百七十八条规定："隐蔽工程在隐蔽以前，承包人应当通知发包人检查。发包人没有及时检查的，承包人可以顺延工程日期，并有权要求赔偿停工、窝工等损失。"根据该条的规定，隐蔽工程在隐蔽以前，承包人应当通知发包人检查。通知发包人检查一般是在承包人自检合格以后48小时内。发包人接到承包人的通知以后，应当在合同约定的时间或合理时间内，开始对隐蔽工程进行检查，检查合格后双方共同签署"隐蔽工程验收签证"及相应记录。发包人没有按期对隐蔽工程进行检查的，承包人应当催告发包人在合理期限内进行检查，并可以顺延工程日期，同时要求发包人赔偿因此造成的停工、窝工、材料和构件积压的损失。如果是承包人未通知发包人检查而自行封闭隐蔽工程的，发包人事后有权要求对已隐蔽的工程进行检查，承包人应当按照要求破坏已覆盖的工程并于检查后修复，检查的费用由承包人承担。如果承包人已经通知发包人检查而发包人未及时检查，事后发包人又要求检查的，检查费用的承担需分两种情况：一是对隐蔽工程检查后发现该项工程符合质量标准的，检查费用由发包人承担；二是对隐蔽工程检查后发现该工程不符合质量要求的，检查费用应当由承包人承担。

3. 结论

本案例的关键在于承包人是在电气线路隐蔽之前通知发包人前来检查的，而发包人却迟迟不去检查，致使承包人被迫停工十余天，造成经济损失5万元。可见发包人没有及时检查与工程逾期完工有直接关系。因此，根据《合同法》第二百七十八条的规定，承包人有权要求工期顺延并要求发包人承担其所受经济损失5万元。

【案例九】

1. 背景资料

2008年2月4日，某石化公司与某安装公司签订了一项建设工程承包合同，由安装公司为石化公司某车间安装空调与通风系统。2009年8月10日竣工验收，验收合格后交付使用。

但到2011年夏季空调系统不制冷。石化公司要求安装公司修理，安装公司认为工程已经过了一年，而且建设方、设计方、监理方都在验收书上签过字。因此不愿意承担维修责任。

2. 评析

施工单位在工程项目竣工验收交付使用后，应履行合同中约定的保修义务，在向建设单位提交工程竣工验收报告时，应当向建设单位出具质量保修书。

（1）保修的责任范围

按照《建设工程质量管理条例》的规定，建设工程在保修范围和保修期限内发生质量问题时，施工单位应当履行保修义务，并对造成的损失承担赔偿责任。质量问题确实是由于施工单位的施工责任或施工质量不良造成的，施工单位负责修理并承担修理费用。质量问题是由双方的责任造成的，应商定各自的经济责任，由施工单位负责修理。质量问题是由于建设单位提供的设备、材料等质量不良造成的，应由建设单位承担修理费用，施工单位协助修理。质量问题发生是因建设单位（用户）责任，修理费用或者重建费用由建设单位负担。涉外工程的修理按合同规定执行，经济责任按以上原则处理。

(2) 保修时间

根据《建设工程质量管理条例》的规定，建设工程在正常使用条件下的最低保修期间为：建设工程的保修期自竣工验收合格之日起计算。电气管线、给水排水管道、设备安装工程保修期为2年。供热和供冷系统为2个采暖期、供冷期。其他项目的保修期由发包方与承包方约定。

3. 结论

石化公司和安装公司在施工合同中虽然没有明确约定保修时限，但按照《建设工程质量管理条例》的规定，空调通风工程中的制冷系统明确规定保修时限为两个制冷期，因此安装公司应该上门进行维修服务。

2.2 施工组织设计举例

某石化厂储油罐区施工组织设计

1. 编制依据

(1) 施工合同、施工图纸。

(2) 施工规程、规范。

2. 工程概况

(1) 建设概况，见表2-1。

建设概况 **表2-1**

工程名称	某工程公用配套系统工程
建设地点	某石化炼油厂
地理位置	新区污油罐区位于某炼油厂厂区，罐区西侧为加氢裂化原料罐区、一号路和第三套常减压蒸馏装置，南侧为新建200万t/年加氢裂化装置，北侧为维修厂房。罐区东侧和北侧设消防和检修道路与场内现有道路相连接形成环状布置
建设单位	某石油化工公司
工作范围	设备、工艺管道、电气、自控仪表安装工程

(2) 主要工程量，见表2-2。

主要工程量 **表2-2**

序号	专业名称	工作量
1	设备	新建2座200m^{2}轻重污油拱顶罐，总重量约134t；2台轻污油泵P-7901/2，2台重污油泵P-7903/4
2	工艺管道	管道1.85km，阀门179个，挂件550件
3	保温工程	罐本体部分保温材料、镀锌薄钢板561m^2、型钢7t；管道部分保温材料95m^{3}镀锌薄钢板1500m^2
4	自控仪器	导压管6m，管件70件，穿线盒150个，水煤气管270m；阀件64件；控制电缆2.8km；电线1.2km；型钢8.7t；槽板9.5t
5	电气箱柜	6台(套)，灯具18套，电缆电线3km；钢材；镀锌管136m；型钢450t；火灾报警控制系统4台件
6	给水排水	泡沫管道120m，泡沫发生器4台

（3）自然条件，见表2-3。

自然条件 **表2-3**

序　号	名　称	内　容	施工注意事项
1	地质情况	工程所在地层主要为人工填土层和第四系冲击形成的黏性土、粉土、沙石层，基岩为燕山期花岗岩	在进行大型设备安装时重点做好设备基础的沉降观测工作
2	气温情况	年平均气温11.6℃，绝对最高气温42.6℃，最热月平均最高气温33.1℃，最冷月平均气温－12.8℃	本工程施工期内含多风季节，应在吊装、组装和焊接时考虑风荷载的影响，采取合适的防风措施
3	现场情况	经现场踏勘，施工现场场地狭小，建筑设施布置紧凑，离已有建筑设施较近	必须合理布置施工现场，做到合理利用，避免施工临时设施的重复布置及工程施工。同时要考虑施工作业的安全

3. 工程施工的特点、难点、重点

（1）工程施工特点

本标段工程属于石化安装工程类，在工程施工过程中，以安装工程为主导工序，现场土建工程（建设单位直接分包）必须以交安为节点（里程碑），在建设单位项目管理部的宏观控制和协调下，精心制定施工进度计划，合理安排施工工序，详细统筹配置施工生产要素，认真组织施工生产，保证工程总体目标的顺利实现。

根据施工情况，本工程大部分施工为露天作业，在施工时重点做好防暑、防雨工作以及季节性施工作业的安全生产工作，确保露天作业的施工生产安全。

（2）工程重点、难点

1）储罐预制质量的好坏直接影响储罐的组对焊接质量，为此储罐预制工作成为储罐施工的重点。

2）本工程焊接工作量大，工艺要求相对较高，焊接工程的质量控制成为本工程的重点。

3）根据施工图纸可知，本标段工程施工的难点为轻污油油罐的上面三层壁板的板厚为6mm，给现场组装、焊接施工带来一定难度，控制壁板形成施工的难点。

4. 施工部署

（1）质量目标

总体质量目标：工程最终质量评定为合格工程，各单位工程合格率达到100%，成为让建设单位完全满意的工程。

施工质量目标：建立健全工程质量保证体系，认真贯彻执行国家和行业有关标准规范，为工程建成后一次开车成功，并为装置长周期平稳运行提供保证。

（2）项目管理组织机构的设置

项目管理组织机构的设置见图2-2。

（3）施工区域划分

根据工程施工图可知，本工程储罐施工区为主要施工区域，工程施工需要围绕储罐施工进行，其他专业配合主施工区域安排施工生产，为此，在进行施工区域划分时，根据施工专业划分为储罐施工区、管道及设备施工区、电气仪器施工区，分别配备施工作业队伍。在保证储罐施工的前提下、经理部根据施工区域的划分和施工进度安排，进行人、

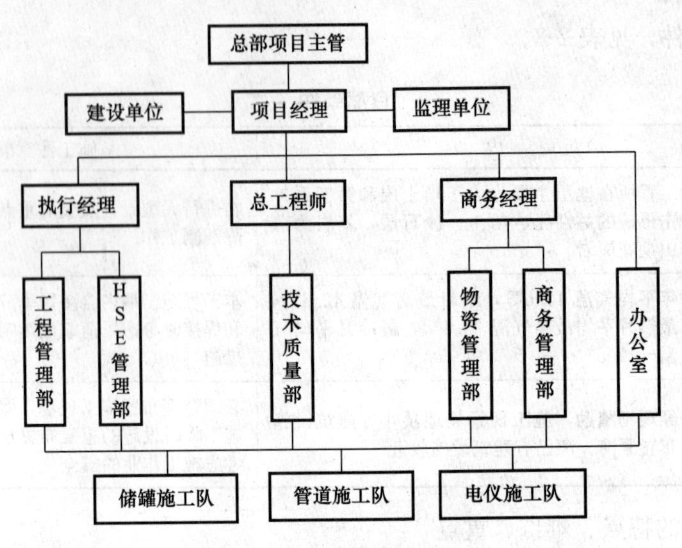

图 2-2　项目管理组织机构图

机、料的合理投入和配置，以及现场场地的合理安排。

（4）储罐施工流水段划分

1）流水段划分的原则

对于储罐施工以及储罐现场组装为主要施工控制点，以电动顶升机顶升管壁施工为主流水段，其他流水段根据主流水段的要求进行施工计划安排、各项资源设备。

2）流水段的具体划分

顶层壁板、包边角钢组对焊接、无损检测。

罐顶胎具设架、罐顶拼装、焊接、无损检测。

电动顶升机就位、顶升机层壁及灌顶。

第 2 至第 6 层罐壁板拼装、焊接、无损检测。

罐体附体安装，梯子平台、栏杆、支架安装。

储罐底板铺装、焊接罐底抽真空检验。

罐体冲水试验。

罐内壁内喷砂除锈、涂漆防腐。

罐外壁除锈涂漆，保温。

5. 施工进度计划

（1）施工进度计划安排原则

本工程施工进度主要为建设单位项目总进度控制计划及项目管理进度计划，作为施工单位进度计划应满足建设单位项目进度计划要求，根据建设单位进度计划要求进行施工进度计划编制。

本进度计划为项目施工实施计划，作为安装工程，以土建专业完工，达到交付给安装专业施工的时间为节点。包含配合施工进度确定物资进场计划、构件预制计划进行编制。

（2）施工进度控制计划

见图 2-3。

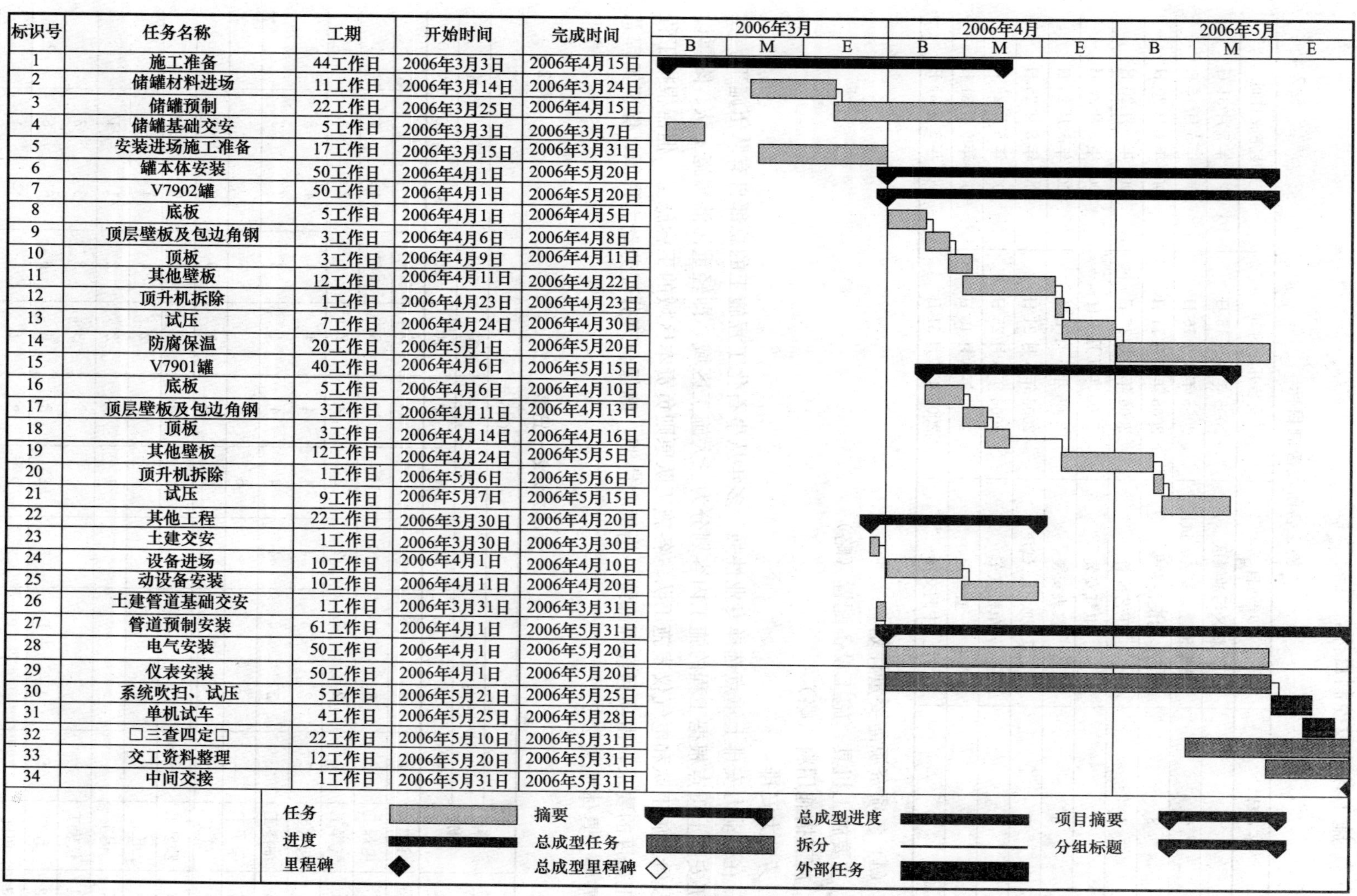

标识号	任务名称	工期	开始时间	完成时间
1	施工准备	44工作日	2006年3月3日	2006年4月15日
2	储罐材料进场	11工作日	2006年3月14日	2006年3月24日
3	储罐预制	22工作日	2006年3月25日	2006年4月15日
4	储罐基础交安	5工作日	2006年3月3日	2006年3月7日
5	安装进场施工准备	17工作日	2006年3月15日	2006年3月31日
6	罐本体安装	50工作日	2006年4月1日	2006年5月20日
7	V7902罐	50工作日	2006年4月1日	2006年5月20日
8	底板	5工作日	2006年4月1日	2006年4月5日
9	顶层壁板及包边角钢	3工作日	2006年4月6日	2006年4月8日
10	顶板	3工作日	2006年4月9日	2006年4月11日
11	其他壁板	12工作日	2006年4月11日	2006年4月22日
12	顶升机拆除	1工作日	2006年4月23日	2006年4月23日
13	试压	7工作日	2006年4月24日	2006年4月30日
14	防腐保温	20工作日	2006年5月1日	2006年5月20日
15	V7901罐	40工作日	2006年4月6日	2006年5月15日
16	底板	5工作日	2006年4月6日	2006年4月10日
17	顶层壁板及包边角钢	3工作日	2006年4月11日	2006年4月13日
18	顶板	3工作日	2006年4月14日	2006年4月16日
19	其他壁板	12工作日	2006年4月24日	2006年5月5日
20	顶升机拆除	1工作日	2006年5月6日	2006年5月6日
21	试压	9工作日	2006年5月7日	2006年5月15日
22	其他工程	22工作日	2006年3月30日	2006年4月20日
23	土建交安	1工作日	2006年3月30日	2006年3月30日
24	设备进场	10工作日	2006年4月1日	2006年4月10日
25	动设备安装	10工作日	2006年4月11日	2006年4月20日
26	土建管道基础交安	1工作日	2006年3月31日	2006年3月31日
27	管道预制安装	61工作日	2006年4月1日	2006年5月31日
28	电气安装	50工作日	2006年4月1日	2006年5月20日
29	仪表安装	50工作日	2006年4月1日	2006年5月20日
30	系统吹扫、试压	5工作日	2006年5月21日	2006年5月25日
31	单机试车	4工作日	2006年5月25日	2006年5月28日
32	□三查四定□	22工作日	2006年5月10日	2006年5月31日
33	交工资料整理	12工作日	2006年5月20日	2006年5月31日
34	中间交接	1工作日	2006年5月31日	2006年5月31日

图 2-3　施工进度控制计划

(3) 施工各阶段控制目标，见表 2-4。

施工各阶段控制目标　　表 2-4

序号	项目	安装开始时间	安装完成时间
1	新区污油罐区	2006 年 3 月 15 日	2006 年 5 月 31 日
2	储罐预置、安装、试压	2006 年 3 月 15 日	2006 年 5 月 15 日
3	动设备安装	2006 年 4 月 11 日	2006 年 4 月 20 日
4	工艺配管	2006 年 4 月 15 日	2006 年 5 月 20 日
5	电气安装	2006 年 4 月 1 日	2006 年 5 月 20 日
6	仪表安装	2006 年 4 月 1 日	2006 年 5 月 20 日
7	系统吹扫、试压	2006 年 5 月 21 日	2006 年 5 月 25 日
8	单机试车	2006 年 5 月 25 日	2006 年 5 月 28 日
9	三查四定	2006 年 5 月 10 日	2006 年 5 月 31 日
10	中间交接	2006 年 5 月 31 日	2006 年 5 月 31 日

(4) 各项资源需要量计划

主要施工机具、施工设备配置（略）

施工措施用料（略）

劳动力安排

在劳动力安排上重点选择专业性强、多年从事石化工程施工的总部自有队伍施工。在队伍安排上重点根据工程的施工内容划分为三大施工区域，即轻重污油罐施工队、附属设备及管道施工队和电气仪表施工队。各施工队原则负责本区域的工程施工，但需根据工程施工进度的要求，由项目经理部统一指挥和协调，确保合理分配劳动力资源，保证工程总体需要。具体见表 2-5。

劳动力计划一览表　　表 2-5

序号	工种名称	2006 年										
		3 月			4 月			5 月			6 月	
		10	20	30	10	20	30	10	20	30	10	20
1	铆工	4	6	18	18	18	18	6	4			
2	电焊工	3	6	10	10	10	10	8	6	4	4	4
3	气焊工	2	2	2	2	2	2	2	2	2	2	1
4	起重工	2	2	4	4	4	4	4	4	4	3	2
5	油漆工		2	4	4	4	4	4	3	3	3	
6	架子工					6	6					
7	管工				3	6	6	9	9	9	6	
8	喷砂工						2	6	6	6		
9	电工							2	4	4	4	4
10	钳工					1	1	2	2	1	1	
11	仪表工							3	3	3	3	
12	力工	4	4	8	8	8	8	6	6	6	6	2
13	司机			2	2	2	2	1	1	1	1	
合计												

6. 平面布置

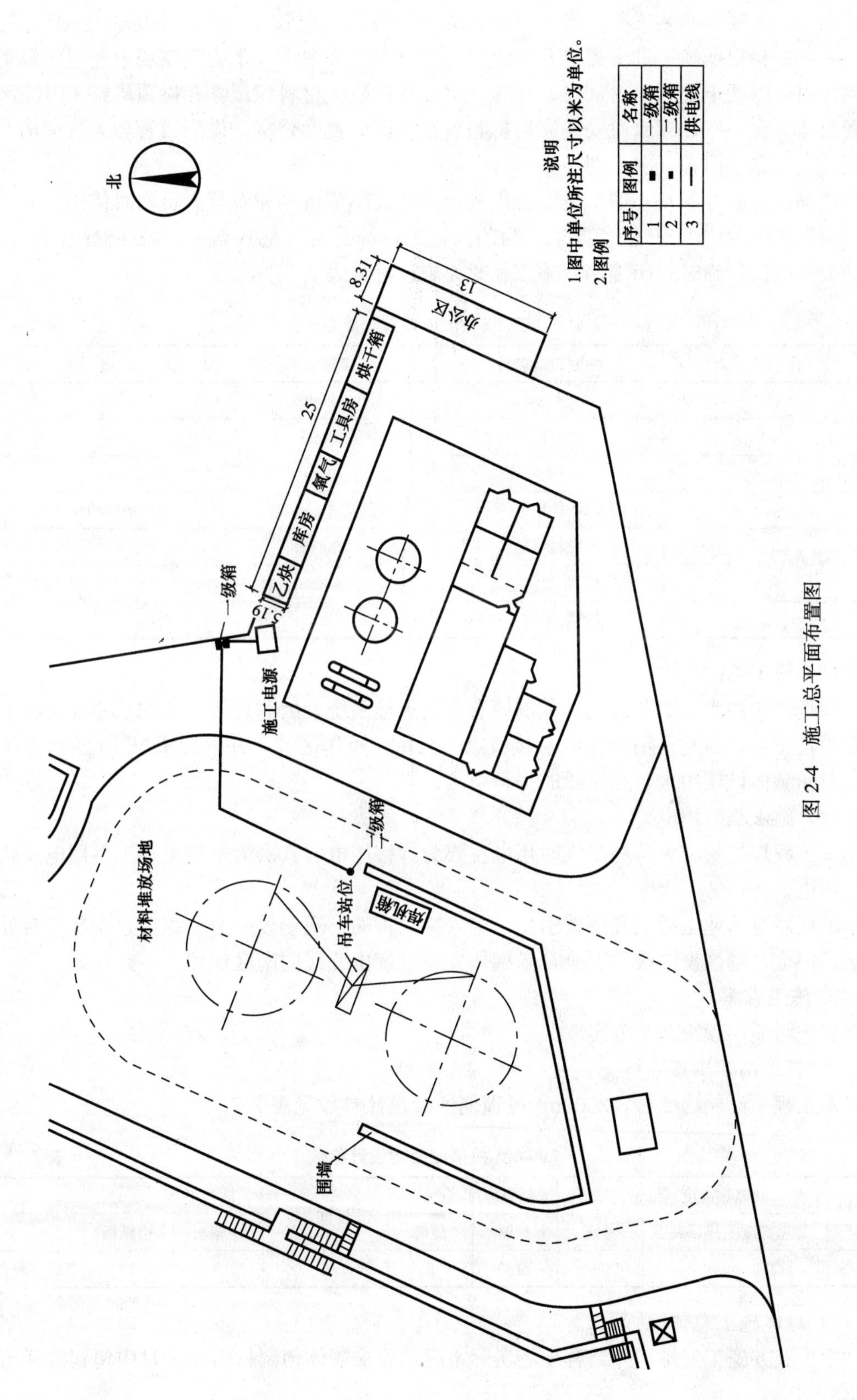

图 2-4 施工总平面布置图

（1）施工现场平面布置

本工程主要为安装工程，考虑到安装材料周转及使用较快，为此在施工场地安排上，重点大宗材料根据施工进度需要及时组织材料进场，集中堆放于施工现场中间拟建轻重污油罐区内，以便于周围辐射调运。在施工中应尽量减少材料积压。在拱顶罐施工时灌区内设置放样平台一座，罐组对安装完后拆除。在灌区设置办公室，供项目管理人员现场办公使用，施工总平面布置图见图 2-4。

现场设置配件库及小型机具库，供放置管件及小型机具和看管人员临时使用。

根据建设单位 HSE 管理要求，为确保施工现场美观，整齐划一，需在储罐周围，采用钢波形板进行临时封闭围挡，施工临时设施设置见表 2-6。

施工临时设施设置一览表 **表 2-6**

序　号	临时设施名称	罐施工区	备　注
1	办公室	100m^2	
2	配件库	50m^2	
3	小型机具库	100m^2	
4	放样平台	130m^2	措施用料 30t
5	堆料场地	1000m^2	
6	彩钢板围挡	400m	
7	脚手管	20t	

（2）施工临时用水

现场消防用水主要依靠场区周围原有的消火栓系统，因此现场临时用水主要为施工用水及生活用水，为此采用 *DN*50 从接驳点引至每一操作区域，并设置 *DN*115 给水龙头供水。对于罐体试压用水，在试压时另行引入。

（3）施工临时用电

本工程焊接量较大，施工临时用电主要为焊接用电；其次为小型电动工具用电及临时办公用电。

罐区用电从业主提供变压器引出，进入施工现场，现场设一个一级箱，安装平台处设二级箱一个，罐区设二级箱五个，随罐体安装进度由北区向南区倒用。

7. 施工方案

轻重污油拱顶罐施工方案

1）轻重污油拱顶罐概况

本工程共设储罐 2 台，2000m^2 拱顶储油罐设计参数见表 2-7。

2000m^2 拱顶储油罐设计参数 **表 2-7**

设计内径（mm）	储罐高度（mm）			储罐厚度（mm）		顶板厚度（mm）	底板厚度（mm）		储罐总量（t）
	罐壁高度	拱顶高度	总高	最厚	最薄		中幅板	边缘板	
15780	11370	1718	13088	12	6	6	8	10	134（两台）

2）罐体施工总体原则

根据我方施工安排，并结合现场实际情况，要求罐体预制材料在 3 月中旬到位开始预制，预计在 3 月 20 日开始进行罐体安装，罐体安装完成后，进行单体试压，管本体管道、电气仪表施工，然后进行管本体保湿工作。

(1) 施工部署

1) 储罐施工阶段的划分

储罐施工阶段划分明细见表 2-8。

储罐施工阶段划分明细表 **表 2-8**

阶 段	施工阶段	施工主要项目内容
1	施工准备	材料进场、检验、材料规格实测，现场平面布置、设备及半成品运输，基础验收、技术措施材料准备，人员机具准备
2	罐板制作加工	储罐底板、顶板、壁板及配件预制
3	主体结构安装	底板安装焊接、顶板安装焊接、壁板安装焊接、梯子、栏杆组焊
4	配件、附件安装及总体试验	储罐入孔、透光孔、量油孔及其所有储罐接合管组焊，储罐充水试验，顶板稳定性试验，罐壁强度和严密性试验，基础沉降观测
5	罐内侧现场喷砂除锈、涂油漆、油罐外壁涂面漆、保温水联运、交工验收、竣工	储罐内壁喷砂除锈，涂防腐涂料，储罐外壁涂防腐面漆。储罐水联运、质量检验评定等

2) 储罐施工作业的组织安排

储罐施工工程量大，时间长，加快工程进度主要途径是如何合理组织施工。拟采用流水作业法来组织主体结构的施工，以两个作业综合班负责主体结构施工，一个作业班负责尾项及总体试验工作。

储罐主体结构由罐底、罐顶（含平台、栏杆）、罐壁（含盘梯）等组成，它是总体部分的关键部分。

3) 罐体施工工艺流程

储罐工程施工采用电动顶升倒装工艺，现场配备一套顶胎和一套顶升设备。储罐主体结构焊接采用手工电弧焊，储罐施工工艺流程见图 2-5。

4) 罐区储罐施工工艺（略）

(2) 脚手架施工方案（略）

(3) 储罐充水试验及沉降观测方案（略）

8. 质量保证体系及措施

(1) 工程质量目标

工程的质量等级为合格，各单位工程合格率达到 100%。

对各个分部工程进行目标分解，以加强施工过程中的质量控制，确保分部、分项工程优良率、合格率的目标，从而顺利实现工程质量目标。

本工程以先进的技术，程序化、规范化、标准化的管理，严谨的工作作风，精心组织、精心施工，以 ISO 9001 质量标准体系为管理依托，创“过程精品”，实现对建设单位的承诺。

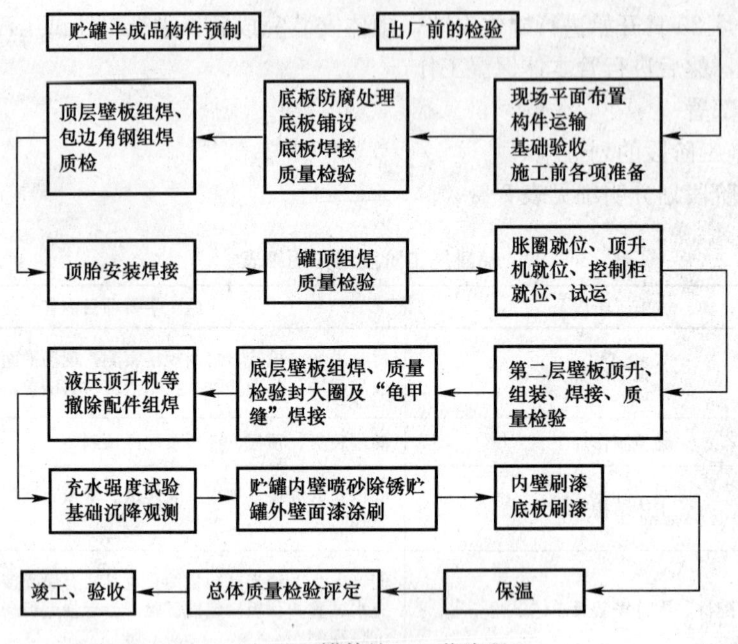

图 2-5　罐体施工工艺流程

（2）质量管理体系

1）项目组织体系与岗位职责

组建项目经理部，在总部的服务和控制下，充分发挥企业的整体优势和专业化施工保障，按照企业成熟的项目管理模式，严格按照 GB/T 19001—ISO 9001 模式标准建立的质量管理体系来运作，以专业管理和计算机管理相结合的科学化管理体制，全面推行科学化、标准化、程序化、制度化管理，以一流的管理、一流的技术、一流的施工和一流的服务以及严谨的工作作风，精心组织、精心施工，履行对建设单位承诺，实现上述质量目标。

根据项目组织体系图，建立项目岗位责任制和质量监督制度，明确分工职责，落实施工质量控制责任，各岗位各负其责，定期对项目各级管理人员进行考核，并与奖金直接挂钩，奖励先进、督促后进。

2）建立完善的项目质量管理体系（略）

（3）工程质量管理

1）全面培训

① 进行质量意识的教育

增强全体员工的质量意识是创精品工程的首要措施。工程开工前将针对工程特点，由项目总工程师负责组织有关部门及人员编写本项目的质量意识教育计划。计划内容包括工程质量方针、项目质量目标、项目创优计划、项目质量计划、技术法规、规程、工艺、工法和质量验评标准等。通过教育提高各类管理人员与施工人员的质量意识，并贯穿到实际工作中去，以确保项目创优计划的顺利实现。项目各级管理人员的质量意识教育由项目经理部总工程师及现场经理负责组织教育，施工操作人员由各施工队方组织教育，现场责任工程师及专业监理工程师要对施工队方进行教育的情况予以监督与检查。

② 加强对施工队的培训

施工队是直接的操作者，只有他们的管理水平和技术实力提高了，工程质量才能达到既定的目标，因此要着重对施工队队伍进行技术培训和质量教育，帮助施工队提高管理水平。项目对施工队班组长及主要施工人员，按不同专业进行技术、工艺、质量综合培训，未经培训或培训不合格的施工队队伍不允许进场施工。责成施工队建立责任制，将项目的质量管理体系贯彻落实到各自施工质量管理中，并督促其对各项工作落实。

2）物资的进场管理

储罐预制、运输、现场吊组装以及管道、设备、电气仪表等施工阶段的原材料、半成品、设备要与物装中心协调组织，使进场材料、半成品及成品进场要按规范、图纸和施工要求严格检验，不合格的立即退货。材料进场后，对材料的堆放要按照材料性能、厂家要求，对于易燃、易爆材料要单独存放。

3）实行样板先行制度

分项工程开工前，由项目经理部的责任工程师，根据专项施工方案、技术交底及现行的国家规范、标准，组织施工队进行样板分项施工，确认符合设计与规范要求后方可进行施工。

4）执行检查验收制度

自检：在每一项分项工程施工完后均需由施工班组对所施工产品进行自检，符合质量验收标准要求，由班组长填写自检记录表。

互检：经自检合格的分项工程，在项目经理部专业监理工程师的组织下，由施工队长及质量员组织上下工序的施工班组进行互检，对互检中发现的问题上下工序班组应认真及时地予以解决。

交接检：上下工序班组通过互检认为符合分项工程质量验收标准要求，由双方填写交接记录，经施工队长签字认可后，方可进行下道工序施工，项目专业监理工程师要亲自参与监督。

5）质量例会制度

① 每周生产例会质量讲评

项目经理部将每周召开生产例会，现场经理把质量讲评放在例会的重要议事日程上，除布置生产任务外，还要对上周工地质量动态做一全面的总结，指出施工中存在的问题以及解决这些问题的措施，并形成会议纪要，以便在召开下周例会时逐项检查执行情况。对执行好的施工队进行口头表彰，对执行不力者要提出警告，并限期整改。

② 每周质量例会

由项目经理部质量总监主持，责任工程师、施工队队长、技术员参加。首先由参与项目施工的分承包方汇报上周施工项目的质量情况，质量体系运行情况，质量上存在问题及解决问题的方法，以及需要项目经理部协调配合事宜。项目质量总监要认真地听取他们的汇报，分析上周质量活动中存在的不足或问题，和与会者共同商讨解决质量问题所应采取的措施，会后予以贯彻执行。每次会议都要做好例会纪要，分发与会者，作为下周例会检查执行情况的依据。

③ 月质量检查讲评

每月底由项目质量总监组织责任工程师、施工队队长、技术员进行实体质量检查，之后写出本月度在施工程质量总结报告建议，并以《月度质量管理情况简报》的形式发至项目经理部有关领导，各部门和各分承包方。简报中对质量好的承包方要予以表扬，需整改的部位应明确限期整改日期，并在下周质量例会逐项检查是否彻底整改。

6）挂牌制度

① 技术交底挂牌

在工序开始前针对施工中的重点和难点现场挂牌，将施工操作的具体要求，如钢筋规格、设计要求、规范要求等写在牌子上，既有利于管理人员对工人进行现场交底，又便于工人自己阅读技术交底，达到理论与实践的统一。

② 施工部位挂牌

执行施工部位挂牌制度：在现场施工部位挂“施工部位牌”，牌中注明施工部位、工序名称、施工要求、检查标准、检查责任人、操作责任人、处罚条例等，保证出现问题可以追查到底，并且执行奖惩条例，从而提高相关责任人的责任心和业务水平，达到练队伍、造人才的目的。

③ 操作管理制度挂牌

注明操作流程、工序要求及标准、责任人，管理制度标明相关的要求和注意事项。如：同条件混凝土试块的养护制度就必须注明其养护条件必须同代表部位混凝土的养护条件。

④ 半成品、成品挂牌制度

对施工现场使用的钢筋原材、半成品、水泥、砂石料等进行挂牌标识，标识须注明使用部位、规格、产地、进场时间等，必要时必须注明存放要求。

7）岗位培训

为达到制定的质量目标，从事质量管理和施工作业层人员必须经过严格的岗位培训，只有这样才能完成对建设单位的承诺。

质检员必须通过国家和地方的质检员培训，并有丰富的施工经验，持证上岗。

焊工、起重工等特殊工种必须经过操作培训，持证上岗。

焊工在每次施工正式焊接前进行班前焊，焊件试验合格后，进行正式焊接。

操作层在进行施工前，必须经过施工过程技术交底，了解所施工工序的质量要求和质量标准，保证所完成的工作达到既定的质量目标。

2.3 进度控制案例

【案例一】

1. 背景材料

5月初，A公司中标承建一油田公司海水冷却的电场循环水系统工程，工程内容包括水泵房的机电安装工程和四支大直径3km长的循环水管敷设两个分部工程，投标承诺合同工期为9个月。泵房土建工程在7月底已完工。循环水管敷设的土方开挖和回填由A公司分包给B公司。8月中旬，施工中恰遇台风来袭，暴雨使管沟塌方严重，影响了管道敷设施工进度的实施，同时也影响了水泵房的机电安装工程。为此，A公司要求油田公司延长合同工期，台风暴雨引发的损失由油田公司承担。

2. 评析

（1）施工进度计划的编制：A公司承包的两个分部工程虽然同属一个循环水系统，但对施工而言，相互之间基本无制约关系，工作面不干涉，工期也不长，虽有可能跨年度，但面对的工程实体数量不多，各专业关系清晰，因而只要编制单位工程进度计划及其作业计划即可满足进度控制的需要，开竣工时间要符合项目建设计划的安排。B公司的作业单一，仅是土石方的开挖和回填工作，或许有些数量不大的混凝土管架、挡墩等，其进度只要开挖时略早于管道敷设连接的进度，太快了会造成气候原因的损失，回填时只要紧跟已敷设好的管道进度即可。所以B公司只要编制与循环水管道敷设安装施工作业进度计划相协调的土石方施工作业进度计划。

（2）施工进度计划的实施：首先抓好进度计划的修订、实施、检查、调整（PDCA）这个动态的循环，其次在实施计划时要抓好实施前的交底、实施中的进度统计、实施中的生产要素调度三个环节，并做好实施的准备、实施的检查、实施的小结三样工作。

（3）台风的影响及其纠偏措施：台风对工程进度的影响是自然灾害引起的进度偏差，不是资源供应、图纸延期供给等因素造成的，因而纠偏的措施要从施工组织方法着手，只要改变施工组织的作业形式，如扩大工作面、多段同时施工，即由依次施工改为平行施工。

3. 结论

（1）首先台风是自然灾害，应是A公司和B公司可以预料到的风险因素。

（2）其次，A、B两承包公司进度计划没有做好，最终才导致由于台风暴雨袭击延误工期和造成损失，油田公司不仅不能答应A公司的延长工期，承担损失的要求，而且可以向A公司追究其责任，对油田公司造成的损失进行赔偿。

【案例二】

1. 背景材料

A公司中标承建某化肥厂扩建一套位于原生产装置旁的新甲醇生产装置，工程内容包括装置的全部机电工程安装和新老系统的连通。承包合同附加条款说明，A公司在施工时应采取有效安全技术措施确保已生产的装置安全，并且新老系统的接口连通要在生产装置局部短时停车时间内完成，即均必须准点到达。工程的油漆防腐、保温工程由B公司分包承担。

A公司针对合同要求，组织项目部合理地选择进度计划编制方式，认真细致地拟订各项进度计划，并严格按照项目管理要求进行技术交底、贯彻、执行，圆满地完成了工程施工任务，得到了业主的充分肯定。

2. 评析与结论

A公司之所以较好地完成了工程施工任务，得益于在进度控制的以下几个方面做得到位。

（1）施工进度计划的表达方式选择：该工程是易燃易爆化工厂在不停产的情况下的扩建工程，且有新老系统的接通问题，无论是施工总进度计划还是单位工程进度计划，甚至作业进度计划的安排，A公司均以网络图的计划表达最为恰当，可以充分表达各工作间的制约和依赖关系，尤其可以保证在新老系统连接前明确各种充分和必备的条件。而横道计划则不能表达清楚。

（2）A公司在实施进度计划前的交底工作：A公司在计划实施前应对所有实施计划的相关人员，包括B公司的相关人员在内进行技术交底，交底内容不仅将计划安排的意图和要求及相关条件交代清楚，尤其要将计划实施中依据合同约定制定的有针对性的安全技术措施交代明白，并按有关条例规定双方签字确认。

（3）B公司施工进度计划的编制：B公司是分包商，承担的是辅助工程，只有设备、管道安装试压合格后才能进行，所以B公司要对A公司的施工进度计划了解，掌握工期目标和进度安排，根据A公司的施工作业进度计划编制好自己的施工作业进度计划。

【案例三】

1. 背景材料

某施工单位承担一合成氨生产厂的设备安装、工艺管道组对焊接施工，设备和管材由业主供应，设备包括合成反应器、水冷器、氨分离器、循环压缩机、净化分离设备、透平循环机、合成塔、储罐等，共计86台，分两期建成投产，每期约43台，总工期360天。该施工单位以每台为一个流水段组织流水作业，一期工程如期投产时，该厂原料气生产厂建成及部分净化生产装置安装完成。业主为提高工程施工效率，减少能耗、要求施工单位缩短总工期，改为300天，并按合同承诺给予奖励。施工单位急业主所急，同意提前完工。

2. 评析

（1）该案例涉及施工单位进度计划的调整问题。进度计划的调整是属于工期调整，因外部条件发生变化，变为有利，客观上没有工艺规律的限制，施工单位只要增大辅助材料、机具、人员的投入是可以满足业主要求的，况且调整后的主要设备材料供给不及时的风险因素由业主方承担。

（2）施工单位进度计划调整的方法和措施有：施工单位调整流水网络计划，增大流水强度，改变流水分段方法，即以每两台为一个流水段作业，两台间实行平行作业。采取的技术措施是增加作业人员和施工机具符合两台设备同时施工的需要；增强辅助材料的供给不致贻误施工作业；实行两班制倒换，即停人不停机；重新划分厂房内设备、器材和材料堆放或码放场地，使占地面积符合要求；增加施工机具现场维修能力；强化现场运输能力；扩大工序质量检查的人员和手段。

（3）一期工程已投产，二期抢工要注意的安全防范问题：除施工作业常规安全防护外，应对作业环境变异制定有针对性的安全防范措施，如将生产区与施工作业区用警戒绳和标示牌隔离开来，与生产单位划分厂房桥式吊车的分工或使用时间，对作业人员在特殊环境下的安全技术交底并配备相适应的劳动保护用品。

3. 结论

施工单位在充分考虑主要风险因素后，合理地调整进度计划，增大辅助材料、机具、人员的投入，调整流水网络计划，增大流水强度，合理地安排两班轮换制度，并对改变后的安全措施进行了相应的改变，急业主所急，满足了业主在一期工程完成后提出的缩短工期的要求。

【案例四】

1. 背景材料

某小型化工工程项目网络计划如图2-6所示，图中箭线上方括号内数字表示各项工作计划完成的任务量，以劳动消耗量表示，箭线下方数字表示各项工作的持续时间（周）。假设各项工作均为匀速进展，即各项工作每周的劳动消耗量相等。

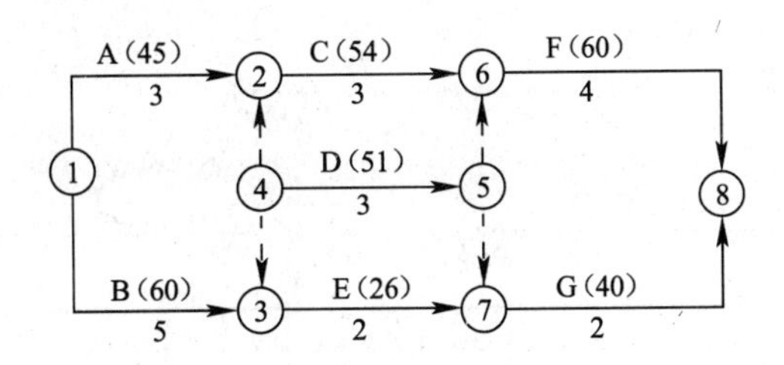

图 2-6　某小型化工工程项目网络计划

2. 评析

（1）绘制香蕉曲线

1）确定各项工作每周的劳动消耗量

工作 A：45÷3＝15　　　　工作 B：60÷5＝12

工作 C：54÷3＝18　　　　工作 D：51÷3＝17

工作 E：26÷2＝13　　　　工作 F：60÷4＝15

工作 G：40÷2＝20

2）计算工程项目劳动消耗总量 Q

$$Q = 45 + 60 + 54 + 51 + 26 + 60 + 40 = 336$$

根据各项工作按最早开始时间安排的进度计划，确定工程项目每周计划劳动消耗量及各周累计劳动消耗量，如图 2-7 所示。

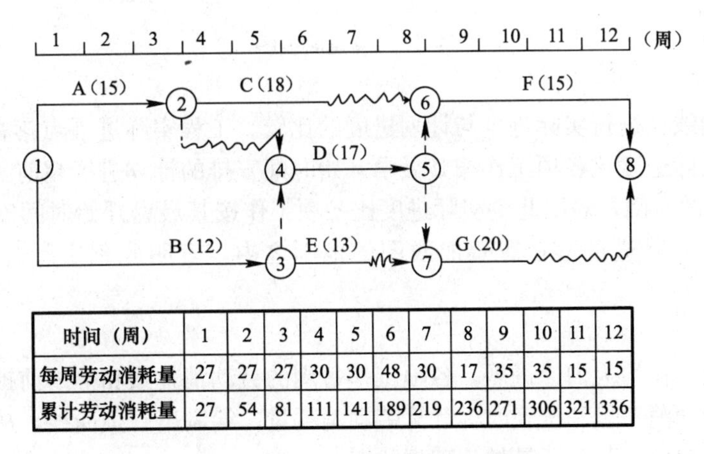

时间（周）	1	2	3	4	5	6	7	8	9	10	11	12
每周劳动消耗量	27	27	27	30	30	48	30	17	35	35	15	15
累计劳动消耗量	27	54	81	111	141	189	219	236	271	306	321	336

图 2-7　按早时标计算劳动消耗量

根据各项工作按最迟开始时间安排的进度计划，确定工程项目每周计划劳动消耗量及各周累计劳动消耗量，如图 2-8 所示。

3）根据不同的累计劳动消耗量分别绘制 ES 曲线和 LS 曲线，便得到香蕉曲线，如图 2-9 所示。

（2）利用香蕉曲线进行实际进度与计划进度的比较

在工程项目实施过程中，根据检查得到的实际累计完成任务量，在计划香蕉曲线图上

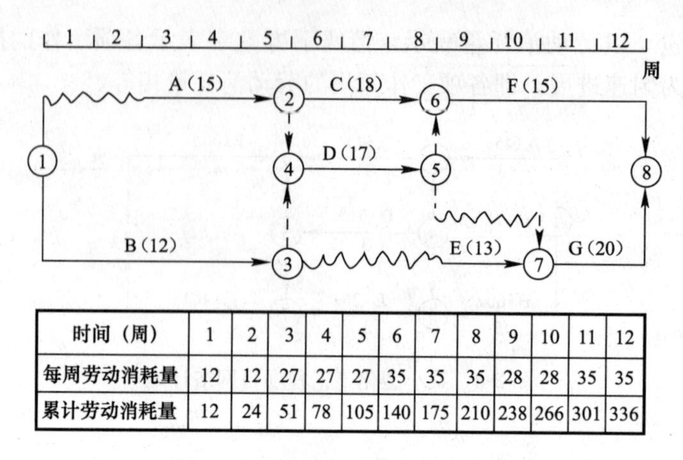

时间（周）	1	2	3	4	5	6	7	8	9	10	11	12
每周劳动消耗量	12	12	27	27	27	35	35	35	28	28	35	35
累计劳动消耗量	12	24	51	78	105	140	175	210	238	266	301	336

图 2-8　按晚时标计算劳动消耗量

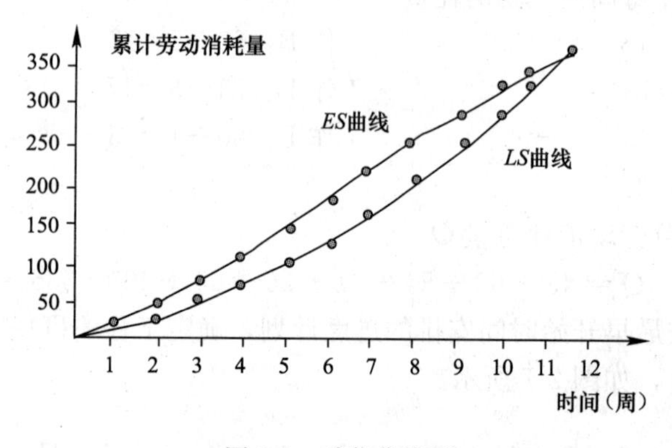

图 2-9　香蕉曲线图

绘出实际进度曲线，进行实际进度与计划进度的比较。工程实际进展点落在 *ES* 曲线的左侧，表明此刻实际进度比各项工作按其最早开始时间安排的计划进度超前。工程实际进展点落在 *LS* 曲线的右侧，表明此刻实际进度比各项工作按其最迟开始时间安排的计划进度拖后。工程项目实际进度落在香蕉曲线图的范围之内，表明此刻实际进度为理想施工状态。

3. 结论

在假设各项工作均为匀速进展，各项工作每周的劳动消耗量相等的前提下，通过计算按早时标计算劳动消耗量和按晚时标计算劳动消耗量，绘制出香蕉曲线，从而可以判断出工程实际进度是超前、落后还是处于理想状态。

【案例五】

1. 背景材料

某石化维修工程项目双代号时标网络计划如图 2-10 所示，该计划执行到第 35 天下班时刻检查时，其实际进度如图中前锋线所示。

如果后续工作拖延的时间无限制，目前实际进度是否对后续工作和总工期有影响，提出相应的进度调整措施。

如果工作 G 的开始时间不允许超过第 60 天，试分析目前实际进度对后续工作和总工

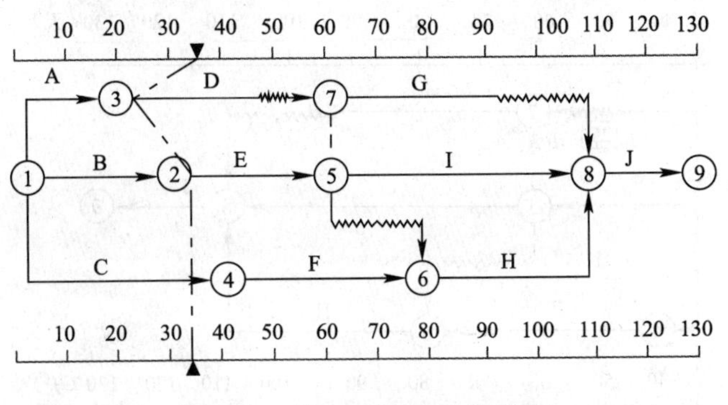

图 2-10　某工程项目时标网络图

期的影响，并提出相应的进度调整措施。

2. 评析

(1) 从图 2-10 中可以看出，目前只有工作 D 的开始时间拖后 15 天，而影响其后续工作 G 的最早开始时间，其他工作的实际进度均正常。由于工作 D 的总时差为 30 天，故此时工作 D 的实际进度不影响总工期。

如果后续工作拖延的时间完全被允许时，可将拖延后的时间参数带入原计划，并化简网络图（即去掉已执行部分，以进度检查日期为起点，将实际数据带入，绘制出未实施部分的进度计划），即可得调整方案。以检查时刻第 35 天为起点，将工作 D 的实际进度数据及 G 被拖延后的时间参数带入原计划（此时工作 D、G 的开始时间分别为 35 天和 65 天），可得如图 2-11 所示的调整方案。

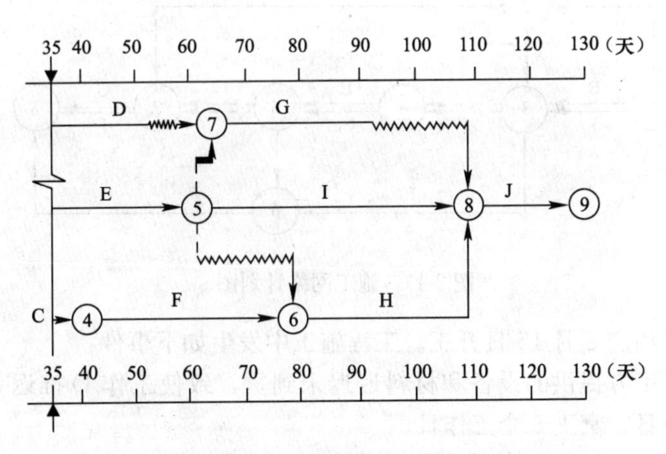

图 2-11　后续工作拖延时间无限制的网络计划

(2) 如果工作 G 的开始时间不允许超过第 60 天，则只能将其紧前工作 D 的持续时间压缩为 25 天，调整后的网络计划如图 2-12 所示。如果在工作 D、G 之间还有多项工作，则可以利用工期优化的原理确定应压缩的工作，得到满足 G 工作限制条件的最优调整方案。

3. 结论

通过对双代号网络图进度计划进行合理地调整，可以满足本案例提出的两个要求。

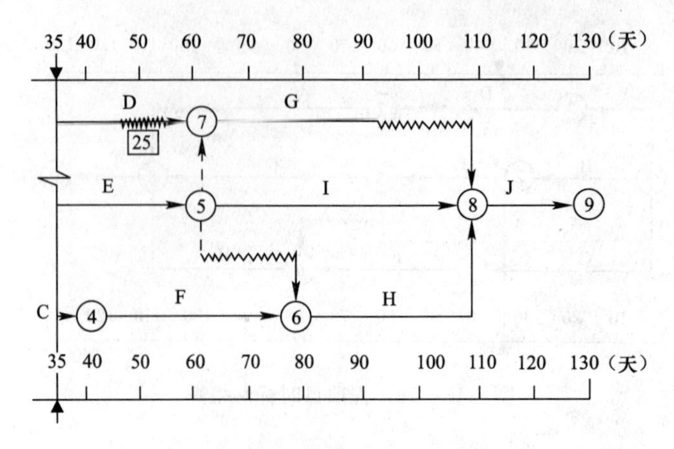

图 2-12 后续工作拖延时间无限制的网络计划

【案例六】

1. 背景材料

某石化总厂（甲方）与某安装公司（乙方）签订了某机电设备安装施工合同。该安装工程项目涉及的设备和材料均由甲方提供。甲乙双方合同规定，采用单价合同，每一分项工程的实际工程量增加或减少超过招标文件中工程量的 10%以上时调整单价。施工网络计划如图 2-13 所示（单位：天）。工作 B、E、C 作业使用相同的施工机械（乙方自备只一台），台班费用为 400 元/台班，其中台班折旧费为 50 元/台班。

图中箭头上方为工程名称，箭头下方为持续时间，双箭线路为关键线路。

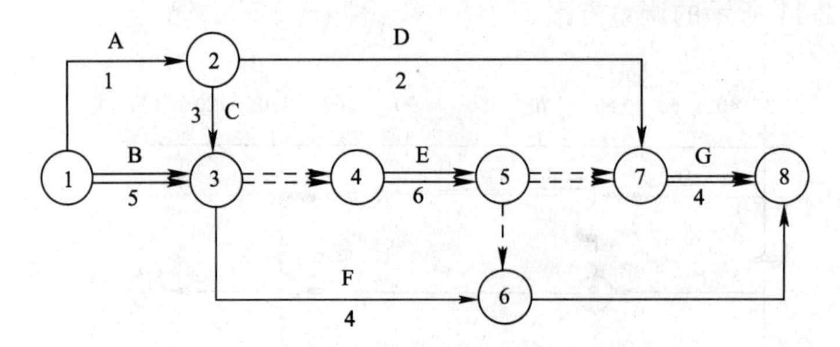

图 2-13 施工网络计划图

甲乙双方合同约定 8 月 15 日开工。工程施工中发生如下事件：

事件一：由于甲方提供的设备和材料迟迟未到货，致使工作 D 推迟 2 天，乙方人员配合用工 5 个工作日，窝工 6 个工作日。

事件二：8 月 21、22 日场外停电，停工 2 天，造成人员窝工 16 个工日，机械台班 2 个台班，每个台班单价 50 元/台班。

事件三：因设计变更，工作 E 工程量由招标文件中的 $300m^3$ 增加至 $350m^3$，超过了 10%，合同中该工作综合单价为 55 元/m^3，经协商后综合单价调为 50 元/m^3。

事件四：为保证施工质量，乙方在施工中将工作及原设计尺寸扩大，增加工作量 $15m^3$，该工作综合单价为 78 元/m^3。

事件五：在工作 E、G 均完成后，甲方指令增加一项临时工作 K，经核实，完成此项工作需要 1 天时间，机械台班 1 个，人工工日 10 个。

2. 评析与结论

（1）延期索赔的概念和延期产生的费用索赔。所谓延期索赔是因业主或其他原因不能按原计划的时间进行施工所引起的索赔。凡属不可抗力的灾害，承包商可得到延长工期但得不到费用索赔；凡属业主方原因造成的工期拖延，不仅应允许承包商顺延工期，还应给予费用补偿；凡属承包商自身原因造成工期延误，不但工期不得顺延，费用得不到补偿，一般合同中规定还将予以处罚。

（2）针对各事件，乙方索赔情况分析如下：

事件一：可提出索赔要求，因为设备由甲方提供，延期到场是甲方的责任。工作 D 总时差为 8 天，推迟两天，尚有总时差 6 天，不影响工期，因此可索赔工期为 0 天。

事件二：可提出索赔要求，因为因停电造成的窝工是甲方的责任。停工 2 天，在关键线路 E 上工期延长，可索赔工期 2 天。

事件三：可提出索赔要求，因为设计变更是甲方的责任，且工作 E 的工程量增加了 $50m^3$，超过了招标文件中工程量的 10％。因工作 E 为关键工作，可索赔工期：$(350-300)m^3/(300m^3/6)=1$ 天。

事件四：不应提出索赔要求，因为保证施工质量的技术措施费应由乙方承担。

事件五：可提出索赔要求，因为甲方指令增加工作是在合同之外，是甲方的责任。因 E、G 均为关键工作，在两项工作之间增加工作 K，则工作 K 也为关键工作，可索赔工期 1 天。

总计可索赔工期：$0+2+1+1=4$（天）

（3）工作 E 结算价的计算如下：

按原单价结算的工程量：$300\times(1+10\%)=330m^3$

按新单价结算的工程量：$350-330=20m^3$

总结算价 $=330\times55+20\times50=19150$ 元

（4）除事件三外，合理的索赔总额计算如下：

事件一：人工费：$6\times12+5\times25\times(1+20\%)=222$ 元

事件二：人工费：$16\times12=192$ 元

机械费：$2\times50=100$ 元

事件五：人工费：$10\times25\times(1+80\%)=450$ 元

机械费：$1\times400=400$ 元

合计费用索赔总额为：$222+192+100+450+400=1364$ 元

【案例七】

1. 背景材料

某石油化工技术改造工工程计划投资 600 万元，工期 12 个月，施工单位按投资计划编制的每个月的计划施工费用和实际发生费用见表 2-9。

费用统计表（单位：万元）　　　　**表 2-9**

	1	2	3	4	5	6	7	8	9	10	11	12
拟完工程计划费用	20	40	60	70	80	80	70	60	40	30	30	20
拟完工程计划费用累计	20	60	120	190	270	350	420	480	520	550	580	600
已完工程实际费用	20	40	60	80	90	100	70	60	50	40	30	

续表

	1	2	3	4	5	6	7	8	9	10	11	12
已完工程实际费用累计	20	60	120	200	290	390	460	520	570	610	640	
已完工程计划费用	10	20	50	60	70	110	80	70	60	40	30	
已完工程计划费用累计	10	30	80	140	210	320	400	470	530	570	600	

分析该工程第 2 个月和第 9 个月的费用偏差和进度偏差及费用执行效果指数。

分析该工程第 2 个月和第 9 个月的费用偏差的类型、纠偏对象和纠偏措施。

2. 评析与结论

(1) 该工程进行到第 2 个月时：

进度偏差＝已完工程累计计划投资－拟完工程累计计划投资＝30－60＝－30 万元

费用偏差＝已完工程累计计划投资－已完工程累计实际投资＝30－60＝－30 万元

综合说明执行到第 2 个月时，费用超支 30 万元，进度拖后 30 万元。

费用执行效果指数：*CPI*＝已完工程计划投资累计/已完工程实际投资累计＝30/60＝50%。表示第 2 个月的费用效益差，效率低。

该工程进行到第 9 个月时：

进度偏差＝已完工程累计计划投资－拟完工程累计计划投资＝530－520＝10 万元

费用偏差＝已完工程累计计划投资－已完工程累计实际投资＝530－570＝－40 万元

综合说明执行到第 9 个月时，费用超支 40 万元，进度提前 10 万元。

费用执行效果指数：*CPI*＝已完工程计划投资累计/已完工程实际投资累计＝530/570＝94%。表示 9 月份的费用效益比 2 月份有了较大提高，但效率还是偏低。

(2) 通过上面的计算结果可以知道合同执行到第 2 个月时，费用超支 30 万元，进度拖后 30 万元，即费用增加且进度拖延，对这类的偏差必须高度重视，纠偏措施要坚决果断。执行到第 9 个月时，费用超支 40 万元，进度提前 10 万元，这种偏差考虑工期提前所带来的效益和增加的费用大致相当，则不必采取纠偏措施。

(3) 具体纠偏措施：加强索赔管理，审查有关索赔依据是否符合合同规定，索赔计算是否合理等；技术方案优化，对不同的技术方案做技术经济分析后加以选择。

2.4 成本控制案例

【案例一】

1. 背景材料

某施工承包单位在所承包的石油化工工程项目中，为了做好施工项目成本控制，按照《建设工程项目管理规范》GB/T 50326 的规定，建立施工项目成本核算制。施工项目成本核算制是施工项目管理的基本制度之一，指有关项目成本核算的原则、范围、程序、方法、内容、责任及要求的管理制度。除此之外，项目部还需要做哪些工作？对施工项目成本核算有什么要求？

2. 分析

成本核算是实施成本核算制的关键环节，是搞好成本控制的首要条件。这项制度与项目经理责任制同等重要。

由于成本核算是一项很复杂的工作，故应当具备一定的基础。除了成本核算制以外，主要有以下几项：

（1）建立健全原始记录制度。

（2）制定先进合理的企业成本核算标准（定额）。

（3）建立企业内部结算体制。

（4）对成本核算人员进行培训，使其具备熟练的必要核算技能。

对施工项目成本核算的要求：

（1）每一月为一个核算期，在月末进行。

（2）核算对象按单位工程划分，并与责任目标成本的界定范围相一致。

（3）坚持形象进度、施工产值统计、实际成本归集“三同步”。

（4）采取会计核算、统计核算和业务核算“三算结合”的方法。

（5）在核算中做好实际成本与责任目标成本的对比分析、实际成本与计划目标成本的对比分析。

（6）编制月度项目成本报告上报企业，以接受指导、检查和考核。

（7）每月末预测后期成本的变化趋势，制定改善成本控制的措施。

（8）搞好施工产值和实际成本的归集，包括月工程结算收入、人工成本、材料成本、机械使用成本、措施费和现场管理费等的归集。

【案例二】

1. 背景材料

某炼化改造项目12个月的有关费用情况列于表2-10，试用赢得值法进行该项目的成本和进度控制。

项目各月费用列表 **表2-10**

月　份	计划完成预算费用 *BCWS*（万元）	已完成工作量（%）	实际发生费用 *ACWP*（万元）	赢得值 *BCWP*（万元）
1	300	105	310	
2	320	90	330	
3	430	110	408	
4	550	105	555	
5	630	106	640	
6	640	120	750	
7	680	95	690	
8	670	102	638	
9	740	125	920	
10	750	130	980	
11	800	122	958	
12	950	105	995	
合计	7460	1315	8174	

2. 分析

此案例关于用赢得值法进行成本控制，赢得值法是通过分析项目目标实施与项目目标期望之间的差异，从而判断项目实施的费用、进度绩效的一种方法。

赢得值法主要运用三个费用值进行分析，它们分别是已经完成工作预算费用、计划完成工作预算费用和已经完成工作实际费用。

（1）已经完成工作预算费用

已完成工作预算费用为 *BCWP*，是指在某一时间已经完成的工作（或部分工作），以批准认可的预算为标准所需要的资金总额，由于业主正是根据这个值为承包商完成的工作量支付相应的费用，也就是承包商获得（赢得）的金额，故称赢得值。

$$BCWP = \text{已完成工程量} \times \text{预算单价}$$

（2）计划完成工作预算费用

计划完成工作预算费用，简称 *BCWS*，即根据进度计划，在某一时刻应当完成的工作（或部分工作），以预算为标准所需要的资金总额，一般来说，除非合同有变更，*BCWS* 在工作实施过程中应保持不变。

$$BCWS = \text{计划工程量} \times \text{预算单价}$$

（3）已经完成工作实际费用

已经完成工作实际费用，简称 *ACWP*，即到某一时刻为止，已完成的工作（或部分工作）所实际花费的总金额。

在这三个费用值的基础上，可以确定赢得值法的四个评价指标，它们也都是时间的函数：

（1）费用偏差 *CV*：$CV=BCWP-ACWP$

当 *CV* 为负值时，即表示项目运行超支：当 *CV* 为正值时，表示项目运行节支，实际费用没有超出预算费用。

（2）进度偏差 *SV*：$SV=BCWP-BCWS$

当 *SV* 为负值时，表示进度延误，即实际进度落后计划进度；当 *SV* 为正值时，表示进度提前，即实际进度快于计划进度。

（3）费用绩效指数 *CPI*：$CPI=BCWP/ACWP$

当 $CPI<1$ 时，表示超支，即实际费用高于预算费用；当 $CPI>1$ 时，表示节支，即实际费用低于预算费用。该指标是相对数指标，故便于分析水平。

（4）进度绩效指数 *SPI*：$SPI=BCWP/BCWS$

当 $SPI<1$ 时，表示进度延误，即实际进度比计划进度拖后；当 $SPI>1$ 时，表示进度提前，即实际进度比计划进度快。该指标是相对数指标，故便于分析水平。

利用以上方法，计算相关费用，列表如表 2-11 所示。

赢得值列表 **表 2-11**

月份	计划完成工作预算费用 *BCWS*（万元）	已完工作量（%）	实际发生费用 *ACWP*（万元）	赢得值 *BCWP*（万元）
1	300	105	310	315.0
2	320	90	330	288.0
3	430	110	408	473.0

续表

月　份	计划完成工作预算费用 BCWS（万元）	已完工作量（%）	实际发生费用 ACWP（万元）	赢得值 BCWP（万元）
4	550	105	555	575.5
5	630	106	640	667.8
6	640	120	750	768.0
7	680	95	690	646.0
8	670	102	638	683.4
9	740	125	920	925.0
10	750	130	980	975.0
11	800	122	958	976.0
12	950	105	995	997.5
合计	7460	1315	8174	8290.2

$CV=BCWP-ACWP=8290.2-8174=116.2$ 万元，由于 CV 为正，说明费用节约；

$SV=BCWP-BCWS=8290.2-7460-830.2$ 万元，由于 SV 为正，说明进度提前；

$CPI=BCWP/ACWP=8290.2/8174=1.014$，由于 CPI 大于 1，说明费用节约 1.4%；

$SPI=BCWP/BCWS=8290.2/7460=1.111$，由于 SPI 大于 1，说明进度提前 11.1%。

【案例三】

1. 背景材料

某化肥工程项目当年降低成本率的目标为 8%；实际为 9%；上年的实际降低成本率为 8.4%；类似项目的先进水平为 12%。

试将当年实际降低成本率与当年降低成本率目标、上年的实际降低成本率、类似项目先进水平对比，并得出结论。

2. 分析及结论

实际指标与目标指标、上期指标、先进水平对比表　　表 2-12

指标	当年目标数	上年实际数	同行企业先进水平	当年实际数	差异数		
					与目标比	与上年比	与先进比
降低成本率（%）	8	8.4	12	9	+1	+0.6	−3

将实际指标与目标指标、上期指标、先进水平对比列于表 2-12，计算出当年实际数与各可比对象的差异，实际数比目标数和上年实际数分别增加 1%和 0.6%，但是幅度不大；而当年实际比同类项目先进水平还少 3%，差距不小，尚有潜力可挖。综上可见，当年的实际降低成本水平并不理想，应找出根源，以便加以改进。

【案例四】

1. 背景材料

某小型石化工程使用的钢材目标成本为 1936896 元，实际成本为 1873446.4 元，比目标成本降低了63449.6元，用因素分析法分析成本降低的原因。

2. 分析

用因素分析法进行分析，因素分析法又称连锁置换法或连环代替法。这种方法可用来分析各种因素对成本形成的影响程度。在进行分析时，首先要假定众多因素中的一个因素发生了变化，而其他因素则不变，然后逐个替换，并分别比较其计算结果，以确定各个因素的变化对成本的影响程度。

因素分析法的计算步骤如下：

(1) 确定分析对象（即所分析的技术经济指标），并计算出实际与目标（或预算）数的差异；

(2) 确定该指标是由哪几个因素组成的，并按其相互关系进行排序。排序规则是：先实物量、后价值量；

(3) 先绝对值、后相对值；以目标（或预算）数为基础，将各因素的目标（或预算）数相乘，作为分析替代的基数；

(4) 将各个因素的实际数按照上面的排列顺序进行替换计算，并将替换后的实际数保留下来；

(5) 将每次替换计算所得的结果，与前一次的计算结果相比较，两者的差异即为该因素对成本的影响程度。

成本增加的原因：

分析对象为钢材成本，实际成本与目标成本的差额为-63449.6元。该指标是由工程量、综合单价、损耗率三个因素组成的，其排序见表2-13。

钢材工程量、综合单价、损耗率与成本实际与目标比较　　　　表2-13

项 目	单 位	目 标	实 际	差 额
工程量	吨（t）	384	392	－80
综合单价	元/t	4850	4640	－21
损耗率	%	4	3	－1
成本	元	1936896.0	1873446.4	－63449.6

以目标数1936896元（384×4850×1.04）为分析替代的基础。

第一次替代工程量因素：以392替代384，392×4850×1.04＝1977248元。

第二次替代综合单价因素：以4640替代4850，并保留上次替代后的值，392×4640×1.04＝1891635.2元。

第三次替代损耗率因素：以1.03替代1.04，并保留上两次替代后的值，392×4640×1.03＝1873446.4元。

计算差额：

第一次替代与目标数的差额＝1977248－1936896＝40352元。

第二次替代与第一次替代的差额＝1891635.2－1977248＝－85612.8元。

第三次替代与第二次替代的差额＝1873446.－1891635.2＝－18188.8元。

工程量增加使成本增加了40352元，综合单价降低使成本减少了85612.8元，而损耗率下降使成本减少了 18188.8 元。

各因素的影响程度之和＝40352－85612.8－18188.8＝－63449.6 元。

为了使用方便，企业也可以通过运用因素分析表来求出各因素变动对实际成本的影响程度，其具体形式，见表 2-14。

因素分析表 **表 2-14**

顺　序	连环替代计算	差异（元）	因素分析
目标数	384×4850×1.04		
第一次替代	392×4850×1.04	40352	由于工程量增加 80m。成本增加 40352 元
第二次替代	392×4640×1.04	－85612.8	由于单价降低 21 元成本降低 8561288 元
第三次替代	392×4640×1.03	－181 88.8	由于损耗率下降 1%，成本减少 18188.8 元
合计		－63449.6	总成本减低 63449.6 元，占目标成本的 3.28%

以上分析结果表明，本项目的成本管理效果是较好的，在工程量增加的前提下，由于使综合单价降低和损耗率下降，总成本降低了 63449.6 元，占目标成本的 3.28%。因此应进一步总结经验，提高成本的管理水平。

【案例五】

1. 背景材料

某天然气管道支线工程项目，全长 26km，业主要求承包单位按工料单价法中的以直接工程费为计算基础的程序进行计算。计算结果如下：按工程量和工、料、机单价计算，其合价为 22749.3 万元；各类措施费的合计费率为 7.9%，间接费费率为 7.0%，利润率为 5.0%，税金按国家规定取 3.4%。请用工料单价法（以直接费为基础）计算本例的工程造价。

2. 分析

此案例涉及直接费、间接费等概念。

直接费由直接工程费和措施费构成。

直接工程费是指施工过程中耗费的构成工程实体的各项费用。直接工程费由人工费，材料费和机械使用费构成，它们分别由工程量与相应的单价相乘得到。

措施费是指为完成工程项目施工发生于该工程施工前和施工过程中非工程实体项目的费用。措施费由 11 种费用构成，包括环境保护费、文明施工费、安全施工费、临时设施费、夜间施工增加费、二次搬运费、大型机械设备进出场及安拆费、混凝土、钢筋混凝土模板及支架费、脚手架费、已完工程及设备保护费、施工排水降水费。

间接费由企业管理费和规费构成。企业管理费包括：管理人员工资、办公费、差旅交通费、固定资产使用费、工具用具使用费、劳动保护费、工会经费、职工教育经费、财产保险费、财务费、税金、其他。规费由工程排污费、工程定额测定费、社会保障费（包括养老保险费、失业保险费和医疗保险费）、住房公积金和危险作业意外伤害保险费构成。

税金包括营业税、城市维护建设税和教育费附加。

以直接费为计算基础的工料单价法计价程序见表 2-15。

以直接费为计算基础的工料单价法计价程序单位：(万元)　　表 2-15

序　号	费用项目	计算方法	计算过程	费　用
(1)	直接工程费	按预算表	22749.3	22749.3
(2)	措施费	按规定标准计算	(1)×7.9%	1797.2
(3)	直接费小计	(1)+(2)	(1)+(2)	24546.5
(4)	直接费	(3)×相应费率	(3)×7.0%	1718.3
(5)	利润	[(3)+(4)]×相应利润率	[(3)+(4)]×5.0%	1313.2
(6)	合计	(3)+(4)+(5)	(3)+(4)+(5)	27578.0
(7)	含税造价	(6)×(1+相应税率)	(6)×(1+3.4%)	28515.7

【案例六】

1. 背景材料

某承包单位在某化工工程项目的投标文件中，设备安装工程的分部分项工程量清单计价合价为 11810814.96 元，措施项目清单计价合价为 710609.49 元，其他项目清单计价合价为 223212.33 元，税率为不含税造价的 3.41%。有部分任务由业主自行分包，并由承包企业管理，业主还自购部分材料，在招标文件中列出了预留金。

2. 分析

此案例涉及工程量清单计价相关知识。

(1) 按工程量清单计价时，要计算分部分项工程量清单费，措施项目清单费，其他项目清单费。

(2) 分部分项工程的综合单价包含人工费、材料费、机械使用费、管理费和利润，并考虑风险因素。由于这种单价中不包含税金的费用，故更能满足企业自主报价的需要和体现自身的报价水平。

(3) 按工程量清单计价时，房屋建筑工程的措施项目中，通用项目包括环境保护、文明施工、安全施工、临时设施、夜间施工、二次搬运、大型机械设备进出场及安拆、混凝土钢筋混凝土模板及支架、脚手架、已完工程及设备保护、施工排水及降水，专业项目指垂直运输机械（指施工方案中有垂直运输机械的内容、施工高度超过 5m 的工程）。

(4) 本工程应计算的其他项目清单费用有：预留金、材料购置费、总承包服务费和零星工作项目费。因为业主自购部分材料，所以要计算材料购置费；因为有部分任务由业主自行分包，并由承包企业管理，所以要计算总承包服务费；业主计算了预留金；承包人还要按人工消耗总量的 1%计算零星工作项目费。

(5) 单位工程费汇总见表 2-16。

单位工程费汇总　　表 2-16

序　号	项目名称	金额（元）
1	分部分项工程量清单计价合计	11810814.96
2	措施项目清单计价合计	710609.49
3	其他项目清单计价合计	223212.33
4	不含税工程造价	12744636.78
5	税金=(5)×3.41%	434592.1
	含税工程总造价	13179228.89

【案例七】

1. 背景材料

某石化工程项目土建基础施工中的土方量为9000m³，平均运土距离为10km。合同工期为8天。企业自有甲、乙、丙液压反铲挖土机各4台、2台、2台，A、B、C自卸汽车各有15台、20台、18台。其主要参数见表2-17、表2-18。

甲、乙、丙液压反铲挖土机主要参数　　表2-17

型　号	甲	乙	丙
斗容量（m³）	0.50	0.75	1.00
台班产量（m³）	400	550	700
台班单价（元/台班）	1000	1200	1400

A、B、C自卸汽车主要参数　　表2-18

型　号	A	B	C
运距10km的台班运量（m³）	0	8	0
台班单价（元/台班）	30	60	30

若挖土机和自卸汽车只能各取一种，数量没有限制，该如何组合最经济；若每天1个班，安排挖土机和自卸汽车的型号、数量不变，应安排几台、何种型号挖土机和自卸汽车。按上述安排，土方的挖、运总直接费和每1m³土方的挖、运直接费为多少？若间接成本为直接费的15%，该任务需要多少成本和单方成本？

2. 分析

（1）挖土机每立方土方的挖土直接费各为：

甲机：1000÷400=2.5元/m³；乙机：1200÷550=2.18元/m³；丙机：1400÷700=2.00元/m³。三个方案中丙机最便宜，故选用丙机。直接费计算见表2-19。

甲、乙、丙挖土机挖土直接费　　表2-19

型　号	甲	乙	丙
斗容量（m³）	0.50	0.75	1.00
台班产量（m³）	400	550	700
台班单价（元/台班）	1000	1200	1400
直接费（元/m³）	2.50	2.18	2.00

自卸汽车每1m³运土直接费分别为：

A车：330÷30=10元/m³；B车：460÷48=9.58元/m³；C车：730÷70=10.43元/m³。故取B车。直接费计算见表2-20。

A、B、C自卸汽车运土直接费　　表2-20

型号	A	B	C
运距10km的台班运量（m³）	30	48	70
台班单价（元/台班）	330	460	730
单方直接费（元/m³）	10.00	9.58	10.43

每 $1m^3$ 土方挖运直接费为 2＋9.58＝11.58 元/ m^3。

(2) 每天需挖土机的数量为：9000÷(700×8)＝1.6 台，取 2 台。由于具有 2 台，可满足需要。挖土时间为：

9000÷(700×2)＝6.43 天取 6.5 天＜8 天，可以按合同工期完成。

每天需要的挖土机和自卸汽车的台数比例为：700÷48＝14.6 台；则每天安排 B 自卸汽车数为：2×14.6＝29.2 台，取 30 台，但是 B 车只有 20 台，不能满足需要，还要配备 A 车（次便宜），配备的数量计算如下：

700×2－(48×20)＝1400－960＝440(m^3)；440÷30＝14.7（台），取 15 台。A 车具备了 15 台，可满足需要。

经以上计算，应配置 B 自卸汽车 20 台，A 自卸汽车 15 台，可运土方为：

(20×48＋15×30)×6.5＝9165 m^3＞9000m^3，即 6.5 天可以运完全部土方。

(3) 土方挖、运总直接费和每 $1m^3$ 土方的挖、运直接费计算如下：

总直接费＝(1400×2＋460×20＋330×15)×6.5＝16950×6.5＝110175 元

单方直接费＝110175÷9000＝12.24 元/m^3。

(4) 总成本和单方成本计算如下：

总成本＝110175×（1＋15%）＝126701.25 元。

单方成本＝126701.25÷9000＝14.08 元/m^3。

2.5 施工预结算案例

【案例一】

1. 背景材料

某工程采用以直接费为计价基础的全费用单价计价，混凝土分项工程的全费用单价为 446 元/m^3，在施工过程中按建设单位要求设计单位提出了一项工程变更，使混凝土分项工程量大幅减少，施工单位要求合同中的单价做相应调整，新的全费用单价为 459 元/m^3，双方规定最终减少的混凝土分项工程量超过原先计划工程的 15%，则该混凝土分项的全部工程量执行新的全费用单价，该混凝土分项工程的计划工程量和专业监理工程师计量的变更后实际工程量如表 2-21 所示（滞留金为 3%，每月工程款不足 25 万本月不付款），试计算每月的工程应付款。

混凝土分项工程计划工程量和实际工程量表 **表 2-21**

月 份	1	2	3	4
计划工程量（m^3）	500	1200	1300	1300
实际工程量（m^3）	500	1200	700	800

2. 分析

一月份

(1) 完成工程款：500×446＝223000（元）

(2) 本月应付款：223000×(1－3%)＝216310(元)

(3) 216310 元＜250000 元，不签发付款凭证

二月份

（1）完成工程款：1200×446＝535200（元）

（2）本月应付款：535200×(1－3％)＝519144(元)

（3）519144＋216310＝735454 元＞250000 元

应签发的实际付款金额 735454 元。

三月份

（1）完成工程款：700×446＝312200（元）

（2）本月应付款：312200×(1－3％)＝302834(元)

（3）302834 元＞250000 元

应签发的实际付款金额 302834 元。

四月份

（1）最终累计完成工程量：500＋1200＋700＋800＝3200（m^3）

较计划减少(4300－3200)/4300×100％＝25.6＞15％

（2）本月应付款：3200×459×(1－3％)－735454－302834＝386448(元)

（3）应签发的实际付款金额为 386448 元。

3. 结论

本案例主要考核《建设工程施工合同（示范文本）》关于工程预付款的规定，工程预付款、起扣点以及工程进度款的计算。计算工程预付款、起扣点和工程款时，要注意该工程项目合同的具体约定，按照合同的约定进行计算。

【案例二】

1. 背景材料

某工程项目难度较大，技术含量较高，经有关招标投标主管部门批准采用邀请招标方式招标。业主于 2010 年 1 月 20 日向符合资质要求的 A、B、C 三家承包商发出投标邀请书，最终确定 B 承包商中标，并于 2010 年 4 月 30 日向 B 承包商发出了中标通知书，于 2010 年 9 月 30 日正式签订了工程承包合同。合同总价为 6240 万元，工期 12 个月，竣工日期 2011 年 10 月 30 日，承包合同另外规定：

（1）工程预付款为合同总价的 25％；

（2）工程预付款从未施工工程所需的主要材料及构配件价值相当于工程预付款时起扣，每月以抵充工程款的方式陆续收回，主要材料及构配件比重按 60％考虑；

（3）除设计变更和其他不可抗力因素外，合同总价不做调整；

（4）材料和设备均由 B 承包商负责采购；

（5）工程保修金为合同总价的 5％，在工程结算时一次扣留，工程保修期为正常使用条件下，法定的最低保修期限。

经业主工程师代表签认的 B 承包商实际完成的工作量（第 1 月～第 12 月）见表 2-22。

B 承包商实际完成的工作量（万元） **表 2-22**

月　份	1～7	8	9	10	11	12
实际完成建安工作量	3000	420	510	770	750	790
实际完成建安工作量累计	3000	3420	3930	4700	5450	6240

试计算本工程的预付款，工程预付款从哪个月开始起扣？第 1 月～第 7 月份合计以及第 8、9、10 月，业主工程师代表应签发的工程款各是多少万元？

2. 分析

工程预付款为：6240×25％＝1560 万元

起扣点＝6240－1560÷60％＝3640 万元，所以工程预付款从第 9 月开始起扣。

应签发的工程款为：

第 1～7 月：3000 万元

第 8 月：420 万元

第 9 月：220＋(510－220)×(1－60％)＝336 万元

第 10 月：770×(1－60％)＝308 万元

【案例三】

1. 背景

某工程业主与承包商签订了工程施工合同，合同中有两个子项工程，估算工程量甲项为 2300m^3，乙项为 3200m^3，经协商合同价甲项为 180 元/m^3，乙项为 160 元/m^3。承包合同规定：

(1) 开工前业主应向承包商支付合同价 20％的预付款；

(2) 业主自第一个月起，从承包商的工程款中，按 5％的比例扣留滞留金；

(3) 当子项工程实际工程量超过估算工程量 10％时，可进行调价，调整系数为 0.9；

(4) 根据市场情况规定价格调整系数平均按 1.2 计算；

(5) 监理工程师签发月度付款最低金额为 25 万元；

(6) 预付款在最后两个月扣除，每月扣 50％。

承包商每月实际完成并经监理工程师确认的工程量如表 2-23 所示。

承包商每月实际工程量　　表 2-23

月　份	1	2	3	4
甲项	500	800	800	600
乙项	700	900	800	600

试计算预付款、每月工程量价款、监理工程师应批准的工程款以及实际签发的付款凭证金额。

2. 分析

(1) 预付款金额为：

$$(2300 \times 800 + 320 \times 160) \times 20\% = 18.52 \text{ 万元}$$

(2) 第一个月工程量价款为 500×180＋700×160＝20.2 万元

应签证的工程款为 20.2×1.2×(1－5％)＝23.028 万元

由于合同规定监理工程师签发的最低金额为 25 万元，故本月监理工程师不予签发付款凭证。

第二个月工程量价款为 800×180＋900×160＝28.8 万元

应签证的工程款为 28.8×1.20×0.95＝32.832 万元

本月实际签发付款凭证金额为 23.028＋32.832＝55.86 万元

第三个月工程量价款 800×180+800×100=27.2 万元

应签证的工程款为 27.2×1.2×0.95−18.52×50%=21.748 万元

由于合同规定监理工程师签发月底付款最低金额为 25 万元，故本月监理工程师不予签发付款凭证。

第四个月甲项工程累计完成总工程量为 2700m³，超过估算工程量的 10%

即(2700−2300)÷2300=17.4% > 10%

超过 10%的工程量为 2700−2300×(1+10%)=170m³

基单价应调整为 180×0.9=162 元/m³

故甲项工程量价款按两部分计算为：

$$(600-170)\times 180+170\times 162=10.494\text{ 万元}$$

乙项工程累计完成总工程量为 3000m³，未超过估算工程量的 10%，故不予调整

工程量价款为 600×160=9.6 万元

本月完成甲、乙两项工程量价款为：

$$10.494+9.6=20.094\text{ 万元}$$

本月应签证的工程款为：

$$20.094\times 1.2\times 0.95=22.90716\text{ 万元}$$

$$21.748+22.90716-18.52\times 50\%=35.39516\text{ 万元}$$

【案例四】

1. 背景

某工程承包合同额为 1100 万元，工期为 10 个月，承包合同规定：

(1) 要材料及构配件金额占合同总额的 65%；

(2) 预付备材料款额度为 20%，工程预付款应从未施工工程尚需的主要材料及构配件的价值相当于预付备料款起扣，每月以抵充工程款的方式陆续收回；

(3) 工程保修金为承包合同总价的 3%，业主从每月工资承包商的工程款里按 3%扣留；

(4) 除设计变更和其他不可抗力因素外，合同总价不做调整。由业主的工程师代表签认的承包商各月计划和实际完成的工程量如表 2-24 所示。

承包商各月计划和实际完成的工程量 **表 2-24**

月　份	1～6	7	8	9	10
计划完成的建筑安装工程量	450	180	200	170	100
实际完成的建筑安装工程量	460	160	220	160	100

试计算预付备料款、每月工程量价款、监理工程师应批准的工程款以及实际签发的付款凭证金额。

2. 分析

预付备料款有两种方法

(1) 百分比法。

百分比法是按年度工作量的一定比例确定预付备料款额度的一种方法。

(2) 数学计算法。

数学计算法是根据主要材料（含结构件等）占年度承包工程总价的比重，材料储备定额天数和年度施工天数等因素，通过数学公式计算预付备料款额度的一种方法。

本例的工程预付款金额＝1100×20％＝220 万元

工程预付款的起扣点为：

$$1100 - 220 \div 65\% = 1100 - 338.46 = 761.538 \text{ 万元}$$

1～6 月份完成 460 万元；7 月份完成 160 万元，累计完成 620 万元，8 月份完成 220 万元，累计完成 840 万元＞761.538 万元，因此应从 8 月份开始扣回工程预付款。

1～6 月份工程师代表应签证的工程款应签发付款凭证金额

$$460 \times (1 - 3\%) = 446.2 \text{ 万元}$$

7 月份工程师代表应签证的工程款

$$160 \times (1 - 3\%) = 155.2 \text{ 万元}$$

8 月份工程师代表应签证的工程款

$$220 \times (1 - 3\%) = 213.4 \text{ 万元}$$

8 月份应扣回工程预付备料款金额为(840－761.538)×65％＝51 万元

应签发付款凭证金额为 213.4－51＝162.4 万元

9 月份应签发付款凭证金额为

$$160 \times (1 - 3\%) = 155.2 \text{ 万元}$$

9 月份扣备料款金额为：160×65％＝104 万元

应签发付款凭证金额为 155.2－104＝51.2 万元

10 月份应签发付款凭证金额为：100×(1－3％)＝97 万元

10 月份扣备料款金额为：100×65％＝65 万元

应签发付款凭证金额为：97－65＝32 万元

累计扣回备料款金额为：51＋104＋65＝220 万元

【案例五】

1. 背景

某施工单位通过竞标获得了某工程项目。甲乙双方签订了有关工程价款的合同，其主要内容有：

(1) 工程造价为 800 万元，主要材料费占施工产值的比重为 70％；

(2) 预付备料款为工程造价的 25％；

(3) 工程进度逐月计算；

(4) 工程保修金为工程造价的 5％，保修半年；

(5) 材料价差调整按规定进行，最后实际上调各月均为 10％。各月完成的实际产值如表 2-25 所示。

各月完成的实际产值 **表 2-25**

月　份	1	2	3	4	5
完成产值（万元）	80	130	215	180	195

试计算工程的预付款、起扣点、每月拨付的工程款以及累计工程款。

工程于 5 月份办理工程竣工结算，试计算该工程总造价及甲方应付工程尾款。

2. 分析

预付款为：800×25％＝200 万元。

起扣点为：800－200÷70％＝514.3万元。

二月拨付工程款130万元，累计工程款80＋130＝210万元。

三月拨付工程款215万元，累计工程款80＋130＋215＝425万元。

四月拨付工程款为：180－(180＋425－514.3)×70％＝116.5万元。

累计工程款为425＋116.5＝541.5万元。

该工程总造价为：800＋800×70％×10％＝856万元。

应付工程尾款为：856－541.5－(856×5％)－200＝71.7万元。

【案例六】

1. 背景

某项承包工程年度承包合同总值为326.86万元，材料费占工程造价的比重为64％，工期一年。合同规定，业主应向承包商支付工程预付款额度为24％。施工企业自年初开始施工后，至当年8月份累计完成工程价值262万元。至当年年末，工程顺利完工，结算完毕。试计算工程预付款、工程预付款起扣点及8月份应扣预付款。

2. 分析

工程预付款＝326.86×20％＝65.372万元。

起扣点＝326.86－65.370/64％＝224.71625万元。

八月份应扣预付款金额＝(2620000－2247162.5)×64％＝238616元。

【案例七】

1. 背景

某天然气管道工程，施工合同价为15000万元，合同工期为18个月，预付款为合同价的20％，预付款自第7个月起在每月应支付的进度款中扣回300万元，直到扣完为止，保留金按进度款的5％从第1个月开始扣除。

工程施工到第5个月，监理工程师检查发现第3个月管道防腐套工序出现翘边、裂缝及断裂等情况，经查验分析，产生问题的原因是由于施工措施不到位所致，须进行扒除防腐套，重新安装进行处理。为此，项目监理机构提出："出现翘边、裂缝及断裂情况的防腐套暂按不合格项目处理，第3个月已付该部分工程款在第5个月的工程进度款中扣回，在处理完毕并验收合格后的次月再支付"。经计算，该防腐工程的直接工程费为200万元，取费费率：措施费为直接工程费的5％，间接费费率为8％，利润率为4％，综合计税系数为3.41％。

施工单位委托一家具有相应资质的专业公司进行防腐处理，处理费用为4.8万元，工作时间为10天。该工程施工到第6个月，施工单位提出补偿4.8万元和延长10天工期的申请。该工程前7个月施工单位实际完成的进度款见表2-26。

前7个月施工单位实际完成的进度款 **表2-26**

时间（月）	1	2	3	4	5	6	7
实际完成的进度款（万元）	200	300	500	500	600	800	800

试计算前3个月可签认的工程进度款（考虑扣除保留金）；第5个月无其他异常情况发生，计算该月项目监理机构可签认的工程进度款。如果施工单位按项目监理机构要求执

行，在第6个月将防腐质量问题处理完成并验收合格，计算第7个月项目监理机构可签认的工程进度款。

2. 分析

项目监理机构在前3个月可签认的工程进度款分别为：

第1个月签认的进度款：200万元×(1－5％)＝190万元。

第2个月签认的进度款：300万元×(1－5％)＝285万元。

第3个月签认的进度款：500万元×(1－5％)＝475万元。

第5个月项目监理机构可签认的工程进度款：600万元×(1－5％)－243.92万元＝326.08万元。

第7个月项目监理机构可签认的工程进度款：800万元×(1－5％)－300万元＋243.92万元＝703.92万元。

【案例八】

1. 背景

某业主与承包商签订了某建筑安装工程项目总承包施工合同。承包范围包括土建工程和水、电、通风建设设备安装工程，合同总价为4800万元。工期为2年，第一年已完成2600万元，第2年应完成2200万元。承包合同规定：

(1) 业主应向承包商支付当年合同价25％的工程预付款；

(2) 工程预付款应从未施工工程尚需的主要材料及构配件价值相当于工程预付款时起扣，每月以抵充工程款的方式陆续收回。主要材料及设备费按总价的62.5％考虑；

(3) 工程质量保修金为承包合同总价的5％，经双方协商，业主从每月承包商的工程款中按5％的比例扣留。在保修期满后，保修金及保修金利息扣除已指出费用后的剩余部分退还给承包商；

(4) 当承包商每月实际完成的建安工作量少于计划完成建安工作量的10％以上（含10％）时，业主可按5％的比例扣留工程款，在工程竣工结算时将扣留工程款退还给承包商；

(5) 除设计变更和其他不可抗力因素外，合同总价不作调整；

(6) 由业主直接提供的材料和设备应在发生当月的工程款中扣回其费用。

经业主的工程师代表签认的承包商在第2年各月计划和实际完成的建安工作量以及业主直接提供的材料、设备价值见表2-27。

第2年各月建安工作量及直供材料、设备价值　　　表2-27

月份	1～6	7	8	9	10	11	12
计划完成建支工作量	1100	200	200	200	190	190	120
实际完成建支工作量	1100	180	210	205	195	180	120
业主直供材、设备的价值	90.56	35.5	24.4	10.5	21	10.5	5.5

试计算工程预付款、起扣时间、工程师应签发的付款凭证。

2. 分析

(1) 工程预付款金额为：2200×25％＝550 万元

(2) 工程预付款的起扣点为：2200－550/62.5％＝2200－880＝1320 万元

开始起扣工程预付款的时间为 8 月份，因为 8 月份累计实际完成的建安工作量为：

1100＋180＋210＝1500 万元＞1320 万元

(3) 1～6 月份：

1～6 月份应签证的工程款为：1100×(1－5％)＝1045 万元

1～6 月份应签发付款凭证金额为：1045－90.56＝954.44 万元

7 月份：

7 月份建安工作量实际值与计划值比较，未达到计划值，相差（200－180)/200＝10％

7 月份应签证的工程款项为：180－180×(5％＋5％)＝180-18＝162 万元

7 月份应签发付款凭证金额为：162－35.5＝126.5 万元

8 月份：

8 月份应签证的工程款为：210×(1－5％)＝199.50 万元

8 月份应扣工程预付款金额为：(1500－1320)×62.5％＝112.5 万元

8 月份应签发付款凭证金额为：199.50－112.5－24.4＝62.6 万元

9 月份：

9 月份应签证的工程款为：205×(1－5％)＝194.75 万元

9 月份应扣工程预付款金额为：205×62.5％＝128.125 万元

9 月份应签发付款凭证金额为：194.75－128.125－10.5＝56.125 万元

10 月份：

10 月份应签证的工程款为：195×(1－5％)＝185.25 万元

10 月份应扣工程预付款金额为：195×62.5％＝121.875 万元

10 月份应签发付款凭证金额为：185.25－121.875－21＝42.375 万元

11 月份：

11 月份建安工作量实际值与计划值比较，未达到计划值，相差：

(190－180)/190＝5.26％＜10％，工程款不扣。

11 月份应签证的工程款为：180×(1－5％)＝171 万元

11 月份应扣工程预付款金额为：180×62.5％＝112.5 万元

11 月份应签发付款凭证金额为：171－112.5－10.5＝48 万元

12 月份：

12 月份应签证的工程款为：120×(1－5％)＝114 万元

12 月份应扣工程预付款金额为：120×62.5％＝75 万元

12 月份应签发付款凭证金额为：114－75－5.5＝33.5 万元

(4) 竣工结算时，工程师代表应签发付款凭证金额为：180×5％＝9 万元

3. 结论

以上案例主要考核《建设工程施工合同（示范文本）》关于工程预付款的规定，工程预付款、起扣点以及工程进度款的计算。计算工程预付款、起扣点和工程款时，要注意该

工程项目合同的具体约定，按照合同的约定进行计算。

按照《建设工程施工合同（示范文本）》，实行工程预付款的，双方应当在专用条款内约定发包人向承包人预付工程款的时间和数额，开工后按约定的时间和比例逐次扣回。建设部107号文规定，工程预付款的具体事宜由承发包双方根据建设行政主管部门的规定，结合工程款、建设工期和包工包料情况在合同中的约定。实行工程预付款的，双方应在专用条款约定发包人向承包人预付工程款的时间和数额，开工后按约定的时间和比例逐次扣回，预付时间应不迟于约定开工日期前7天，发包不按约定预付，承包人在约定预付时间7天后向发包人发出要求预付的通知。发包人收到通知后仍不能按要求预付，承包人可在发出通知后7天停止施工，发包人应从约定应付起向承包人支付应付款的贷款利息，并承担违约责任。

按照现行工程价款结算办法的规定，采用按月结算工程价款的施工企业，可以在月中或旬末预收上半月或本旬工程款。采用分段结算工程价款或竣工后一次结算工程价款的施工企业，可按月预收当月工程款。施工企业在预收工程款时，应根据实际工程进度，填制“工程价款预收账单”，分送发包单位并经银行办理预收款手续。

施工企业在月中、旬末或按月预收的工程价款，应在按月结算、分段结算或竣工后一次结算工程价款时，从应付工程款中扣除，并在“工程价款结算账单”中列出应扣除的预收工程款。

【案例九】

1. 背景

某承包商承包某外资工程项目的施工，与业主签订的施工合同要求：工程合同价2000万元，工程价款采用调值公式动态结算；该工程的人工费可调，占工程价款的35%；材料费有三种可调：材料1占20%，材料2占15%，材料3占15%。价格指数见表2-28。

价格指数 **表2-28**

费用名称	基期代号	基期价格指数	计算其代号	计算期价格指数
人工费	A0	124	A	133
材料1	B0	125	B	128
材料2	C0	126	C	146
材料3	D0	118	D	136

试计算该工程调之后的实际结算价。

2. 分析

工程竣工结算的前提条件是承包商按照合同规定内容全部完成所承包的工程，并符合合同要求，经验收质量合格。

竣工结算的原则是：

（1）完工、验收后结算；

（2）依法结算；

（3）实事求是结算；

（4）依据合同结算；

（5）结算依据要充分。

如果该工程的竣工验收报告被发包人认可，按施工合同示范文本要求，发包人应在56天以后，即8月25日之前结算。这56天是：提交竣工结算资料28天，发包人审查28天。

如发包人不按期结算，从8月26日起，按承包人同期向银行贷款利率支付拖欠工程款利息。如果结算，承包人应在14天内即9月8日前竣工工程交付发包人。

用调值公式法进行结算，结果如下：

$$p=P_0\times(a_0+a_1A/A_0+a_2B/B_0+a_3C/C_0+a_4D/D_0)$$

$$=2000\times(0.15+0.35A/A_0+0.20B/B_0+0.15C/C_0+0.15D/D_0)$$

$$=2000\times(0.15+0.35\times133/124+0.20\times128/125+0.15\times146/126+0.15\times136/118)$$

$$=2000\times(0.15+0.375+0.205+0.174+0.173)=2000\times1.077=2154(\text{万元})$$

调值结果为2154万元，即增加154万元。

【案例十】

1. 背景

某工程采用固定单价计价方式进行招标，某施工单位中标，其报价中现场管理费率为10%，企业管理费率为8%，利润率为5%，其中A、B、C三分项工程的综合单价分别为80元、460元和120元。施工合同中约定：若累计实际工程量比计划工程量增加的数量超过计划工程量的15%，超出部分不计企业管理费和利润。若累计实际工程量比计划工程量减少的数量超过计划工程量的15%，其综合单价调整系数为1.176，其余分项工程按中标价格结算。A、B、C三分项工程均按计划工期完成，相应的每月计划完成工程量和实际完成的工程量见表2-29。

每月计划完成工程量和实际完成工程量 表2-29

月份		1	2	3	4
A分项工程	计划完成工程量	1100	1200	1300	1400
	实际完成工程量	1100	1200	900	800
B分项工程	计划完成工程量	500	500	500	
	实际完成工程量	550	600	650	
C分项工程	计划完成工程量	200	300	300	
	实际完成工程量	200	250	400	

试计算该施工单位报价中的综合费率及各分项工程结算工程款。

2. 分析：

该施工单位报价中的综合费率为：

现场管理费率：1×10%=10%

企业管理费率：(1+10%)× 8%=8.8%

利润率：(1+10%+8.8%)×5%=5.94%

综合费率：10%+8.8%+5.94%=24.74%

A分项工程计划完成工程量合计：1100 +1200+1300+1400=5000

A分项工程实际完成工程量合计：1100+1200+900+800=4000

由于A分项工程实际完成工程量比计划完成量减少的数量超过计划完成量的15%，

即(5000－4000)/5000＝20％>15％。所以，根据施工合同规定，应调整A分项工程综合单价。

则A分项工程结算工程款为：(1100＋1200＋900＋800)× 80×1.176＝376320元

B分项工程计划完成工程量合计：500＋500＋500＝1500

B分项工程实际完成工程量合计：550＋600＋650＝1800

由于B分项工程实际完成工程量比计划完成量增加的数量超过计划完成量的15％，即(1800－1500)/1500＝20％>15％。所以，根据施工合同规定，应调整B分项超出部分工程综合单价。

B分项工程需调整单价的工程量为：

$$1800 - 1500 \times (1 + 15\%) = 75$$

B分项超出部分工程综合单价调整系数为1/(1.08×1.05) ＝0.882

B分项工程实际结算工程款为：

$$1500 \times (1 + 15\%) \times 460 + 75 \times 460 \times 0.882 = 823929 \text{ 元}$$

C分项工程计划完成工程量合计：200＋300＋300＝800

C分项工程实际完成工程量合计：200＋250＋400＝850

由于C分项工程实际完成工程量比计划完成量增加的数量未超过计划完成量的15％，即(850－800)/800＝6.25％ <15％。所以，根据施工合同规定，C分项工程综合单价执行中标价。

C分项工程实际结算工程款为：

$$(200 + 250 + 400) \times 120 = 102000 \text{ 元}$$

【案例十一】

1. 背景

某机电安装施工单位通过招标投标竞争在某市承包一项商务楼的机电安装工程项目，合同造价为1200万元。在施工过程中，由于用户对某些分部分项工程达不到使用功能要求，向业主提出变更设计要求。当施工单位收到设计变更施工图后，采用综合单价法对工程量发生变更情况进行查对，结果分部分项工程量清单中，工程量的增幅超过原工程量的18％。

2. 分析

工程量清单是招标文件的组成部分；一经中标且签订合同，工程量清单即成为合同的组成部分；它为施工过程中支付工程进度款提供依据；为办理竣工结算及工程索赔提供重要依据。

由于本工程因设计变更引起工程量的增幅是18％，即大于原工程量的15％，所以施工单位应将调幅部分的综合单价提交招标单位审查确定。

施工单位采用综合单价法，应按照实际发生的人工、材料、机械的数量，依据工程造价管理机构发布的市场价格计算费用。

3. 结论

发包方确认工程变更合同价款的原则是：

(1) 合同中已有适用于变更工程单价的，按合同已有的单价计算和变更合同价款；

(2) 合同中只有类似于变更工程单价的，可参照此单价来确定变更合同价款；

(3) 合同中没有上述单价时，由承包人提出相应价格，经发包方确认后执行。

【案例十二】

1. 背景

某施工单位承建某机电安装工程。合同造价 2400 万元，其中主材料费和设备费占 65%，工期为 8 个月。

合同约定：

(1) 工程用主材料和设备由甲方供货，其价款在当月发生的工程款中抵扣。

(2) 甲方向乙方支付预付款为合同价的 20%，并按起扣点发生月开始按比例在月结算工程款中抵扣。

(3) 工程进度款按月结算。

(4) 工程竣工验收交付使用后的保修金为合同价的 3%，竣工结算月一次扣留。

试分析：工程价款的结算方式及竣工结算的依据。

2. 分析

工程竣工结算的依据是：

(1) 承包合同，包括中标总价；

(2) 合同变更的资料；

(3) 施工技术资料；

(4) 工程竣工验收报告；

(5) 其他有关资料。

进行竣工结算时，应按照工程合同约定，将主材料费和设备费，工程预付款等未抵扣的余额款抵扣清；工程保修金即合同价的 3%，共 72 万元应扣留。

【案例十三】

1. 背景

某承包商于 2010 年承包某工程，与业主签订的承包合同要求：工程合同价 2000 万元，工程价款采用调值公式动态结算；该工程的人工费占工程价款的 35%，材料费占 50%，不调值费用占 15%；开工前业主向承包商支付合同价 20%的工程预付款，当工程进度达到合同价的 60%时，开始从超过部分的工程结算款中按 60%抵扣工程预付款，竣工前全部扣清。工程进度款逐月结算。

2. 分析

竣工结算的原则：

① 任何工程的竣工结算，必须在工程全部完工、经提交验收并提出竣工验收报告以后方能进行。

② 工程竣工结算的各方，应共同遵守国家有关法律、法规、政策方针和各项规定，严禁高估冒算，严禁套用国家和集体资金，严禁在结算时挪用资金和谋取私利。

③ 坚持实事求是，针对具体情况处理遇到的复杂问题。

④ 强调合同的严肃性，依据合同约定进行结算。

⑤ 办理竣工结算，必须依据充分，基础资料齐全。

竣工结算程序：

① 对确定作为结算对象的工程项目全面清点，备齐结算依据和资料。

② 以单位工程为基础对施工图预算、报价内容进行检查核对。

③ 对发包人要求扩大的施工范围和由于设计修改、工程变更、现场签证引起的增减预算进行检查、核对，如无误，则分别归入相应的单位工程结算书中。

④ 将各单位工程结算书汇总成单项工程的竣工结算书。

⑤ 将各单项工程结算书汇总成整个建设项目的竣工结算书。

⑥ 编写竣工结算说明，内容主要为结算书的工程范围、结算内容、存在的问题、其他必须说明的问题。

复写、打印竣工结算书，经相关部门批准后，送发包人审查签认。

3. 结论

以上几个案例主要考核工程价款的结算，按照《建设工程价款结算暂行办法》（财建[2004] 369 号），工程价款的结算方式有：

（1）按月结算与支付。即实行按月支付进度款，竣工后清算的办法。合同工期在两个年度以上的工程，在年终进行工程盘点，办理年度结算。

（2）分段结算与支付。即当年开工、当年不能竣工的工程按照工程形象进度，划分不同阶段支付工程进度款。具体划分在合同中明确。

（3）按照《建设工程价款结算暂行办法》（财建 [2004] 369 号），工程竣工结算分为单位工程竣工结算、单项工程竣工结算和建设项目竣工总结算。

【案例十四】

1. 背景

某机电安装施工单位承包某工程项目，并签订了工程合同。该施工单位项目部已收到全部工程设计图纸，组织有关人员进行设计图纸审查，参加设计交底后，进行施工预算的编制工作。

2. 分析

施工预算的编制依据应包括：

（1）会审后的施工图纸和说明书；

（2）本地区或本企业内部编制的现行施工定额；

（3）施工组织设计；

（4）经审核批准的施工图预算；

（5）现行的地区人工工资标准、材料预算价格、机械台班单价和其他有关费用标准资料等。

施工预算一般采用以单位工程为编制对象，按分部或分层、分段进行工料分析，计算（主要包括工程量、人工、材料、机械需用量和定额直接费等指标），其结果填入规定的表格内，并编写文字说明部分。

【案例十五】

1. 背景

某工程合同商谈中业主提出，工程的结算以施工图预算为基础，单项工程变更量在5%以内时不作调整，当超过 5%时对超过部分按实际结算。施工单位在合同评审和洽谈过程中同意了业主的要求，按此意见签订了正式合同。在施工过程中，设计单位不断发出小量的变更，使施工单位花费大量的人力、财力，当施工单位要求监理、业主单位办理签证时，监理、业主单位总是以合同该条款规定为由，拒绝签字。施工单位只能自己留下记录。

2. 分析

施工单位自己留下的记录不能作为竣工结算的依据。竣工结算的依据是合同的约定和现场经过业主、监理认可的签证手续（合法的依据），单方面的记录不具备任何约束力。

遇到这种情况时，施工单位应依照通常合同中都有的关于执行过程中发生争议时的协商仲裁原则，及时与相关方进行协商沟通。目的是要求业主和监理应该及时办理签证手续，但是否作为结算依据则根据合同的约定。因为签证是对已经发生的事情的确认，通情达理的监理、业主单位应该尊重事实。至于施工单位将所有签证列入竣工结算，也是不合适的，还是要按照合同的约定去执行。

3. 结论

以上案例关于工程预算和工程竣工结算管理，施工单位应该对合同评审和洽谈过程进行反思。对于合同条款中可能产生歧义的内容应该通过评审，在商谈过程中争取取得一致意见，免除以后实施过程中双方对合同条款的不同理解而产生分歧；在实施过程中，如果双方出现了分歧，还是应该依据合同条款中关于争议的处理原则，及时协商沟通，争取达成一致，以免影响工作的正常进行。

2.6 施工质量控制案例

【案例一】

1. 背景材料

监督工程师在某乙烯装置巡监检查时发现：新建的三台储罐（11-TK-2401、11-TK-2501、11-TK-7020）上水试验过程没有进行基础沉降观测，不符合《立式圆筒形钢制焊接油罐施工及验收规范》GB 50128 第 6.4.6 条及附录 B“新建灌区，每台罐均应在上水前及上水过程中进行沉降观测”的要求。

2. 评析

基础沉降观测的目的有三个：一是了解基础不均匀沉降是否超出规定值；二是基础最终沉降量是否超过了设计允许值或环墙顶面高出周围地面小于 300mm；三是罐底板碟形深陷是否超过允许值。储罐在充水试验过程中一旦出现了上述问题，则必须进行修复处理，否则可能影响储罐的安全运行。“基础的沉降观测”是强制性标准条文，必须遵照执行。

充水试验是检验储罐能否安全使用的重要工序，充水试验应符合以下规定：

（1）充水试验前，所有附件及其他与罐体焊接的构件应全部完工，并应检验合格；充水试验前，所有与严密性试验有关的焊缝，均不得涂刷油漆。

（2）一般情况下充水试验应采用洁净水；特殊情况下，如采用其他液体充水试验，必须经有关部门批准。对于不锈钢罐，试验用水中氯离子含量不得超过 25mg/L，试验水温不得低于 5℃。

（3）充水试验中应进行基础沉降观测。在充水试验中，如基础发生设计不允许的沉降，应停止充水，待处理后，方可继续进行试验。

（4）充水和放水过程中，应打开透光孔，且不得使基础浸水。

本案例的充水试验，未做基础沉降观测，说明监理单位、总承包单位和施工单位的质量体系运行存在一定的缺陷。

3. 处置

针对存在的问题，监督组要求总承包单位、监理单位分析原因，制定整改措施，完善质量保证体系的运行。

【案例二】

1. 背景材料

某化工装置在开工前，质量监督机构结合该工程的特点，由监督组编制了《监督大纲》与《监督计划书》，并召开了有关参建单位参加的质量监督计划书交底会议。就涉及结构安全和重要使用功能的关键控制点（停监点、巡监点）向建设、勘察、设计、监理、施工等各单位作出了详细的说明，并提出了具体的检查要求。在其中一个单位工程“××水池”的施工过程中，监督人员巡查时发现如下情况：

（1）水池基槽开挖后，施工单位未按“停监点”要求通知监督人员到现场进行检查确认。

（2）在基槽验收记录中，勘察、设计单位未签署意见。

（3）有关土方开挖检验批验收记录中，施工单位无检验结果，监理单位验收记录，验收结论未签署。

（4）基槽垫层混凝土正在浇筑，但未办理混凝土浇灌申请手续。

（5）基槽土质被水浸泡、扰动严重、且未清理即浇筑混凝土。

针对上述现象，监督人员当即向有关单位提出了立即整改的要求，施工单位的解释是：因工期较紧，来不及通知质监站，有关验收手续正在办理中，基槽被水浸泡对施工质量影响不大，为抢工期，只能如此施工。

2. 评析

在此案例中，主要是施工、监理等单位在质量行为方面存在较多的违规现象。

（1）在工程开工前，监督机构已进行了监督交底，各有关责任单位对相关的“停监点”应已明确，在施工作业到“停监点”时，应按规定要求提前通知质监人员，作为责任主体单位之一的施工单位未按规定程序进行报监，此为违规现象之一。

（2）在基槽验收记录中，勘察、设计单位未签署意见，过程控制资料与工程实体进度不同步，违反了《建筑工程施工质量验收统一标准》GB 50300 中第 3.0.3 条第⑤款“隐蔽工程在隐蔽前应由施工单位通知有关单位进行验收，并应形成验收文件”的要求。

（3）施工、监理单位对工程控制资料重要性认识不足，随意性较大，双方有关人员仅签名而已，未按规定对“土方开挖检验批验收”作出验收结论。在《建筑工程施工质量验收统一标准》GB50300 中第 5.0.1 条中，规定：检验批验收符合“具有完整的施工操作依据、质量检查记录”。检验批是工程验收的最小单位，是分项工程及至整个建筑工程质量验收的基础。质量控制资料反映了检验批从原材料到最终验收的各施工工序的操作依据，检查情况以及保证质量所必需的管理制度等。对其完整性的检查，实际是对过程控制的确认，这是检验批合格的前提。

（4）垫层混凝土浇灌申请手续未及时办理，施工、监理方均有违规现象。

（5）基槽土质被水浸泡、扰动严重，不符合《建筑地基基础工程施工质量验收规范》GB 50202的有关要求。

3. 处置

（1）立即停止混凝土垫层的浇筑，勘察、设计单位必须对基槽验收进行签字确认。

在实际质量监督工作中，必须要求勘察、设计单位对基槽进行确认。但是，由于勘察、设计单位不一定在现场，或到达现场需要较长时间，可以作如下变通：水池重力全部由桩基承载时，可以允许勘察、设计单位以传真、电话录音、邮件等方式确认，待以后方便的时候，在基槽验收记录上补签字。

但是，若水池重力全部或部分利用天然地基承载时，基槽验收必须经勘察、设计人员签字验收，才可以进入下一道工序施工。

（2）判断基槽土质被水浸泡、扰动严重后，是否需要处理？

经查阅设计文件，该水池重力是有天然地基承载。基槽土质被水浸泡、扰动后，要求施工单位必须编制处理方案，经设计单位、监理单位同意后实施。实施完成后，重新按程序进行基槽验收。

（3）责令施工单位对其人员加强质量意识教育，绝不能因工期原因而越过基槽验收。

【案例三】

1. 背景材料

某焦化装置焦炭塔桩基工序施工完成后，在进行焦炭塔基础浇筑过程中，发现焦炭塔基础不在桩基上。监督工程师检查了桩基施工前的测量放线记录，施工、监理、建设、设计等单位签字齐全，审查意见为“合格”，进一步检查发现，监理单位并未进行复核，桩基设计图纸为白图，数据标注不规范。

2. 评析

设备基础直接关系到结构安全，一旦基础失稳，轻则损坏设备、影响生产，重则造成设备倒塌，危及生命财产安全。本工程的建设、监理、设计、施工等责任主体在多个质量控制环节均存在违反规定的行为，表现为：

（1）建设单位提供的白图未按《建设工程质量管理条例》第十一条的要求对施工图设计文件进行会审，直接使用，出现本案例中的基础与桩基错位事故不足为奇，这应该是不遵守法规得到的较轻的惩罚了。

（2）设计、施工、监理等单位明知图纸不规范，在指导工程实施过程中极有可能发生质量问题，却不认真核对相互关联图纸间的联系，盲目地出图、施工、复核，对“桩基测量放线”这一重要的质量控制点草率地签字确认，这些单位的质量保证体系、质量控制制度形同虚设。

（3）施工、监理等单位对桩基工程的桩位验收工作不认真。若严格按照《建筑地基基础工程施工质量验收规范》GB 50202第5.1.2条规定对桩位进行检查验收，在塔基础施工前就不会发生桩位放样不准的错误。

另外，澄清现在流行的“白图”尚缺少法规规定的支持，这种“白图”与本案例使用的白图是有区别的，其必须是按规定程序审核、内容正确、具有法律效应的。

3. 处置

下发书面通知，要求施工单位停止基础浇筑，由设计单位出具设计变更，增加桩基数量。监理单位要进行检查复核，建设单位要进行现场确认。

【案例四】

1. 背景材料

质量管理人员对某低温灌区管架钢结构安装质量进行巡检时，发现约20%的顶紧节点（摩擦面）接触不严实，接触面积不足70%，最大间隙达2mm；部分管架在高强度螺栓没有终拧、主体结构没有验收的情况下，管架已被施加荷载，且大部分管道已开始铺设工作。

2. 评析

由于钢结构具有强度高、承载能力大、截面小、质量轻、延性好等优点，被广泛地应用在石化工业的厂房、管廊管架等结构中。钢结构在使用过程中一般都要承受重复荷载的作用，因此，钢结构连接构造传递应力大，对附加的局部应力、残余应力、几何偏差、裂缝也比较敏感。所以在钢结构的制作和安装过程中的任何质量问题都可能引起钢结构的损坏。本案例中，安装质量问题恰出现在钢结构连接构造上，如果节点未顶紧或者高强度螺栓未终拧就施加荷载，会导致局部应力集中而造成结构变形破坏并引发质量事故，这一问题同时也违反了现行《钢结构工程施工质量验收规范》GB 50205第11.3.3条、第6.3.2条规定。

从施工行为上看，在钢结构主体工程未验收即对管架施加荷载，也违反了“上道工序不合格不得进行下道工序施工”的最基本的施工原则。

3. 处置

质量管理人员签发了书面通知，要求施工单位停止加载施工，在所有的接点顶紧或者高强度螺栓终拧并经过有关部门验收合格后才能进行管道安装施工。

【案例五】

1. 背景材料

某炼油工程14单元的往复压缩机附属容器，在对其进行入场检验时，对容器壳体厚度进行了抽测（抽测50%的容器），发现有4台容器壁厚低于设计要求，为此做了退货处理。

重新制作的容器安装后，质量管理人员到现场检查时发现这批容器接管与法兰的对接焊缝内表面成形较差，故对接管与法兰的对接焊缝进行射线检测，发现焊缝存在未焊透缺陷。同时，质量管理人员对总承包（EPC）单位的设备进场检验工作进行检查时，发现总承包单位没有组织对重新制作的容器进行入场检验，总承包单位认为这些容器是在发现质量问题后重新制作的容器，各单位已经十分重视它们的质量了，一般不会出现质量问题，因此没有安排做这项检验。

2. 评析

压力容器的进厂验收一般要做宏观检查（包括结构检查、几何尺寸及焊缝检查、外观检查）和质量证明文件检查。但是在宏观检查、质量证明文件审查中如果发现容器外观质量较差等情况或有疑问时，则需做进一步的检查。进一步的检查通常包括壁厚检查、无损探伤检查、理化检查。有的情况下为了确保容器质量，还要对部分容器做壁厚、无损探伤、理化指标抽查，抽查中如发现问题则必须扩大检查比例，确定质量的真实情况，以便采取相应措施。

压力容器的器壁厚度达不到设计要求、接管焊缝存在未焊透均属较为严重的质量缺陷，是标准、规范所不允许的。因此，各责任主体应十分重视压力容器的进厂验收这一环节，以便早日发现和处理类似的重大质量问题。

现代社会是一个分工协作的社会，作为一个压缩机的生产厂家，通常将配品配件（如压缩机附属容器：缓冲罐等）分配给配套厂家来做，自己完成压缩机核心部件的制造工作，而压缩机缓冲罐的生产厂家往往是一些规模不大的企业，其技术力量不强、管理水平不高、资金投入不足，因而其制造出的容器质量一般难以保证。这次为本工程所制造的压缩机缓冲罐就是由配套厂家生产的。因此在日常监督过程中，事前了解制造厂家的背景资料是质量管理人员在检验这一环节的一项重要工作内容。

设备、材料的质量是工程质量的基础，十分重要，而其进厂验收是保证质量的重要环节，因此一定做好设备、材料的进厂验收工作。设备材料每一次进出施工场地都应该进行检查。在本案例中，总承包单位的这种观点和做法是错误的，不能因为是重新制造而不做进厂验收，工程监理单位也应对设备材料的进场报验履行审查、确认的职责。

3. 处置

质量管理人员下发《工程质量问题通知单》，要求：

（1）总承包单位要严肃设备入场检验程序，不能以任何理由越点施工；

（2）对于这批重新制作的设备，按照入场检验程序重新组织验收；

（3）对于已经发现的问题以及验收中检查出的问题，根据情况作出处理。

【案例六】

1. 背景材料

某首站管线配套工程（改造部分），需将储存原油的储罐（TK822）改造为储存汽油。设计要求对底板除锈后再重新防腐，除锈等级为 Sa2.5。除锈完成后，质量管理人员发现：该罐底板表面存在有较多的附着物，且附着牢固、质地坚硬。施工单位进行了多次的喷射，还是不能除去罐底表面附着物。进一步检查，发现施工单位认为除锈工作比较简单，没有编制施工方案，施工作业人员是在不了解施工技术要求的情况下作业的。

2. 评析

根据国家标准规范《石油化工设备和管道涂料防腐蚀技术规范》SH3022 第 3.2.3 条规定：Sa2.5 钢材表面无可见的油脂、污垢、氧化皮、铁锈和油漆等附着物，任何残留物的痕迹仅是点状或条纹状的轻微色斑。

由于 TK822 罐是存放原油近 20 年的旧罐，故罐底表面存有大量的结垢，且结垢层较厚实，部分结垢层甚至是牢固附着。施工单位喷射所用沙砾为花岗岩颗粒，而非通常的石英砂或铁矿砂、铜矿砂等。由于花岗岩颗粒硬度较软，除锈效果很难达到设计要求。

3. 处置

针对上述情况质量管理人员及时要求施工单位暂停施工，并发《质量问题整改通知单》，要求整改：

（1）施工单位必须依据设计要求和施工技术规范编制施工技术方案，并报专业监理工程师审核。

（2）施工单位的作业人员必须按照经审核的施工技术方案进行作业。

（3）监理工程师应加强对施工单位开工条件准备、进场材料及施工作业的过程检查。

(4) 建议施工单位采用石英砂或铜矿砂类作为喷射用沙砾，并应由监理认可。

施工单位改用铜矿砂进行喷射，经一次喷射后罐底板残留物被清除，进而发现罐底板严重腐蚀，经业主委托有资质的检测单位检验，TK822 罐的底板有 57.5%（235 块中有 135 块）存在不同程度腐蚀，其中深度超过板厚的 30%的腐蚀缺陷 184 处，并有 3 处底板发现穿孔。业主、设计、监理、施工等单位联合召开了专题会议，针对该问题提出了整修方案，对存在腐蚀缺陷的底板进行更换、修补，并进行了专项论证，确认了修复后的底板符合规范检验合格。

【案例七】

1. 背景材料

质量管理人员在某公司延迟焦化改造工程现场巡监时发现，采用倒装法施工的 3000 立方米储罐，已经完成焊接的第一、二圈壁板焊缝产生凹凸变形，油漆是在 T 形焊缝处的变形较大。检查正在组对的焊缝，发现环焊缝和纵焊缝均没有留间隙。

2. 评析

依据《立式圆筒形焊接油罐施工及验收规范》GB 50128 要求：储罐纵、环焊缝两面焊时，在背面焊时可采用碳弧气枪清根，纵、环焊缝的组对间隙应保持在 2～2.5mm 之间。而施工单位在实际施工过程中没有严格按照施工方案进行，没有调整和保留间隙，其结果是：正面焊接时熔深较浅。为了保证焊透，背面碳弧气刨清根较深，造成焊缝的热出入量大，从而导致变形增大。

3. 处置

质量管理人员针对上述情况及时要求施工单位进行整改，并下发《质量问题整改通知单》，同时对施工单位的施工作业人员的资质、焊接工艺、施工方案进行了检查。检查中发现，施工单位虽编制了较详细的施工方案，并根据焊接工艺评定报告编制了焊接工艺指导书，但施工作业人员没有依据施工技术要求进行作业。为此质量管理人员要求：

(1) 施工单位必须严格按照施工方案、焊接工艺指导书进行作业。

(2) 监理工程师应加强对施工单位在储罐组装时质量检查，并要求监理对施工单位的焊接作业过程进行监管。

(3) 要求施工单位对部分变形超过规范要求的焊缝进行处理。

【案例八】

1. 背景材料

某石化热电厂 6 号机组工程，质量管理人员在巡监中，发现施工单位部分动设备（泵）安装不规范，设备的管道已配好，但设备的垫铁还未点焊，尚未进行二次灌浆。

2. 评析

对于动设备的连接管路，其施工程序是：动设备精找正、垫铁点焊、二次灌浆，待二次灌浆达到强度后，再进行设备配管。否则会影响动设备的水平度，使设备在隐形时产生振动。具体要求是：

(1) 设备正式垫铁组检查合格后，在垫铁组的两侧进行定位焊焊牢，垫铁与机器底座之间不得焊接。安装在金属结构上的机器调平后，其垫铁均应与金属结构用定位焊焊牢。

(2) 设备找正验收合格后，24h 内必须进行二次灌浆，灌浆层厚度不应小于 25mm，当灌浆层厚度与设备底座面接触要求较高时，宜采用无收缩混凝土。

(3) 二次灌浆达到强度后，再进行设备配管。

3. 处置

拆除已连接的管道，重新进行设备找正后，进行垫铁点焊，并在规定的时间内二次灌浆，待灌浆达到强度后，连接管道。

【案例九】

1. 背景材料

质量管理人员在对某焦油站工程检查时，发现下列问题：

(1) 消防罐内防腐涂层厚度个别点实测值只有 160μm，低于设计要求的 200μm。

(2) 沉降净化罐底板搭接接头三层重叠处，角焊缝脚尺寸小于设计要求，部分切角不规范。

(3) 500m^3 污水罐有一处纵焊缝低于母材。

(4) 正在施工的 2 个污水罐、2 个注水罐、1 个出油罐的焊缝错边量多处超标，部分焊缝余高超标，罐底 T 形角焊缝焊脚尺寸多处小于设计要求。

(5) 油罐法兰未做静电跨接。

2. 评析

(1) 罐内防腐涂层是保证储罐使用寿命的措施之一，应达到设计要求厚度。

(2) 三层板搭接处，由于此处焊缝交汇，应力比较复杂，适合的切角对于减小应力集中，保证焊接质量非常重要，切角应符合《立式圆筒形钢制焊接储罐施工及验收规范》GB 50128 第 4.3.4 条规定："搭接接头三层钢板重叠部分，应将上层底板切角，切角长度应为搭接长度的 2 倍，其宽度应为搭接长度的三分之二"。

(3) 罐底板搭接角焊缝焊脚尺寸应符合设计图纸要求，超标点应进行整改。

(4)《立式圆筒形钢制焊接储罐施工及验收规范》GB 50128 第 46.1.2 条第 4 款"罐壁纵向对接焊缝不得有低于母材表面的凹陷……"，达不到要求应进行整改。

(5) 罐底 T 形角焊缝，受力比较大，必须保证足够的焊角高度，质量要求应符合设计图纸、焊接作业指导书的要求，超标点应进行整改。

(6)《石油建设工程质量检验评定标准储罐工程》SY4026 中对 1000m^3 以下立式储罐组装、焊接、涂漆及绝热工程的焊缝外观尺寸允许偏差做了具体规定，超标点应进行改正。

(7) 法兰静电跨接，是储罐安全运行保证之一，应符合《工业金属管道工程施工及验收规范》GB50235 第 6.12 条的规定。

(8) 该罐区出现如此多的质量问题，反映出有关责任单位对工程质量把关不严，没有按照标准规范检查验收，工程质量管理不到位。

3. 处置

针对以上情况，质量管理人员发出质量整改通知书，要求施工单位暂停施工，进行整改，内防涂层厚度不够的地方严格按照设计要求进行补涂，罐体组装、焊接、法兰静电跨接不规范的部位按照储罐施工规范要求整改。

【案例十】

1. 背景材料

某化工工程有一台泵设备单机试车过程中，质量管理人员现场巡监时发现某泵正在运行，而现场无人监护，水泵抽空后发生剧烈振动，且主要的基础部件损坏，质量管理人员和专业监理工程师立即通知施工单位停止该泵运行，并要求总包单位现场负责人加强管理，同时责成施工单位对该泵重新检查和调整，将损害的部分进行修复整改。

2. 评析

单机试车是考核工程质量的重要环节，其程序过程要求工程参建各方都要高度重视，紧密配合，严格按程序和规范实施。

通过调查发现，上述事故的发生是建设方现场操作人员没有通知任何部门和任何人员的情况下自行开启试运，建设方现场操作人员缺乏单机试车按照程序进行的概念，是造成上述直接经济损失和工程质量事故局面的根源。上述行为违反施工和操作规范及设计要求，并且严重地违反工艺指导书、试车方案。因为疏于管理，施工操作规范及设计要求和试车方案没有落实到具体岗位和负责人。

在工程安装基本结束时，即将转入试运与中间交接过程，这一过程是工程建设至关重要的环节，是非常关键的步骤。这是工程质量由静态考核转入动态考核的过程，只有完成这一过程，才能具备对建设项目进行生产考核的基本条件，才能在完成生产考核后转入竣工验收过程。单机试车和单台设备试运是考核工程质量的重要阶段，在这个阶段结束合格后才能履行“中间交接”程序。

根据以上所述分析，主要存在两方面的问题：

一是质量管理体系的问题。工程中交接阶段，建设单位生产准备人员早介入可以不断发现工艺、操作等方面的问题，有利于工程的完善和交接。建设单位的操作人员及管理人员，应该认真学习设计技术要求和操作规范及试车方案，加强设备设施的管理和操作规范的学习，熟悉试车方案。试车操作应由建设方生产单位熟悉试车方案、操作方法、考核考试合格取得上岗证的人员进行，避免工程质量问题和事故的再次发生。

二是单机试车在有总包单位的情况下本应该由总包单位来组织，施工单位具体实施，建设单位明显有些“越位”了。

无论是单机试车还是联动试车，都是对设备的动态质量的检验，只有熟悉操作规程、试车方案，各单位、各部门共同配合、各负其责才能顺利完成，否则，将造成管理上的混乱，对工程质量起到反作用。

3. 处置

对于上述问题，应该首先对造成问题的责任单位提出批评，要求其严格遵守相关的管理规定和试车方案的规定。做到单机试车有组织进行，组织应该参加的单位全部到场后由具体经培训的操作人员动手操作。

对于损坏的部位，可要求责任单位予以修复，如果不能确定责任单位或者还没有进行中间交接，也就是说工程的保管责任没有转移，总承包单位应负责修理。

具体来说作为质量管理人员应要求：

（1）单机试车和单机设备试运由建设单位（或总包单位）成立试车组织，并应有统一的指挥。

（2）施工单位负责编制试车方案，而该方案应经过施工、建设方的生产部门、设计、监理、制造厂等单位联合确认后，方可实施。

（3）试车操作由生产单位熟悉试车方案、操作方法、考核考试合格取得上岗证的人员进行操作。

单机试车和单台设备试运过程是设备安装调试工程的重要环节，试运过程质量管理人员通过巡监抽查的方式进行监督。巡监的重要内容是：

(1) 试车过程是否符合试车方案各项规定的程序、规定的条件、规定的要求。

(2) 试车过程中各参与方的责任人员是否按规定要求履行了自己的质量责任，其质量行为是否符合规范，是否到位。

(3) 抽查试车操作人员填写的是试车记录是否及时，是否清楚准确。

(4) 关键设备的重要考核测试内容，质量管理人员认为有必要时，应采取旁站监督控制措施。巡监中发现有弄虚作假和其他违反规定行为，要对责任方和责任人严加查处。

单机试车和单台设备试运过程合格后，质量管理人员要对单机试车和单台设备试运合格的结论文件上的各方签字情况进行监督检查，其内容主要是：

(1) 各方签字的结论意见是否符合规范及设计要求。

(2) 各方签字是否具备授权资格。

(3) 单机试车和单台设备试运过程中的各项数据是否在正常运转的范围内，试车时间应满足安装说明书或规范的要求，质量管理人员对单机试车和单台设备试运按照监督工作要求，做好监督记录。

(4) 发现现场出现违反施工和操作规范及设计要求的施工和操作，应立即采取措施制止，加强管理、教育，严格要求狠抓整改措施，避免施工工程质量问题和质量事故的发生。

【案例十一】

1. 背景材料

某煤代油项目装置，主要由空分、气化及净化装置三大部分组成，工艺管道使用的材质主要有 20 号钢、双相钢、15CrMo、PVC、0Cr18Ni10Ti、铝镁合金等，设计温度区间为－193～450℃。这些管道对支吊架的要求非常严格，但质量管理人员检查发现支吊架的安装存在不少质量问题，主要有：

(1) 不能严格按照图纸施工，一氧化碳装置距离地面 4m 距离的高空已安装合金管道 (*DN*300)，采用 *DN*50 管材做临时支撑，达不到承重和固定的作用。

(2) 材料供应不能满足现场施工需求，弯头、大小头等连接件不能及时提供，造成大口径管道未装支架而形成悬空。

(3) 由于支吊架设计图纸不能及时提供，现场管道安装过程中临时支吊架过多。

(4) 同一根管线在不同装置其管托结构形式也不一样。例如，液氨管道在装置外采用的是隔冷管托，在一氧化碳变换和气胺管道外管架采用的却是标准图集管托，而在酸脱装置又采用的是隔冷管托。

2. 评析

以上问题可以说是工程建设中经常出现的质量通病。在施工过程中，往往由于工期要求紧，加上有些工程管理单位管理能力和技术水平有限，致使各参建单位步调不一致，从而各种质量问题接踵而至。另外，很多参建单位在施工过程中只注重形象进度，不关心工程质量，使得像支吊架这样的辅助工序不能有效跟进，造成辅助工序变成关键工序，而给工程质量留下重大隐患。

关于支吊架，其作用主要有三个：第一，承受管道的重量荷载；第二，阻止管道发生非预期方向的位移，即起限位作用；第三，控制管线的摆动、振动和冲击。支吊架在各个石化装置中应用极其普遍，形式也是多种多样，技术要求更是存在很大不同，但是质量要求是相同的，那就是安全、牢固和满足稳定。根据（石油化工有毒、可燃介质管道工程施工及验收规范）SH 3501 第 6.2.24 条“管道安装时，不宜使用临时支、吊架。当使用临时支、吊架时不得将其焊接在管道上。在管道安装完毕后，应及时更换正式支、吊架”的规定不难看出，临时支吊架的主要作用是：由于各种原因不能安装正式支吊架，而采用满足要求的临时质量的重要标准，也是现场安全文明施工的重要体现。

本案例中，为了“方便”管道安装组对，施工人员随意采用临时支吊架进行固定，而没有考虑到管径太小不到固定的要求，这样不仅影响管道焊接质量，而且可能造成人身和设备安全事故。

关于材料供应和施工图提供，该工程采取了国际通行的 EPC 总承包模式，设计、施工、采购都由总承包单位负责，而该模式在我国实施时间不长，处在摸石头过河的探索阶段，出现诸如材料供应、施工图提供不及时的问题，需 EPC 总承包单位不断地积累经验，组织协调好部门间的配合与衔接问题。另外，该装置工艺新，无类似或相近的设计参数参考，设计需要进行大量、繁琐的计算，还因工期紧，有些部位是边设计、边施工，出现材料供应和施工图提供不及时，甚至出现管托结构形式不一致的问题在所难免。

3. 处置

为了确保工程质量，监理工程师要求：EPC 总承包单位及时提供施工图纸、管配件，对管托结构形式进行审查，管线的临时支吊架、临时支撑施工前应编制方案，并进行技术交底。

【案例十二】

1. 背景材料

在某天然气管道工程施工过程中，为了掌握管道焊缝内在质量情况，质量管理人员从检测比例、检测时间、检测评定结果入手，核查检测单位的记录类、报告类资料的真实性、准确性及公正性，采用射线检测方法对管道的对接焊缝进行了现场随机抽检。

检查中发现，检测单位未针对此项工程制定相应的检测操作规程、工艺卡及检测方案。通过对现场射线抽检的焊缝底片与检测单位所拍的同焊缝底片进行对比，发现底片中的焊缝宽度、焊缝纹路及缺陷的形状与性质不吻合。质量管理人员立即对该检测公司所拍摄的 138 道焊口 700 张射线 X 光底片进行了复核，发现存在大量的雷同底片。

2. 评析

无损检测自诞生之日起就与质量结下了不解之缘，在现代工程建设领域已成为工程质量控制和质量保证的重要方法之一，其结果已成为工程质量验收的必要依据。作为检测单位应恪守诚实信用、客观公正的职业准则，提供真实、准确的检测信息。但目前我国检测市场尚不健全，检测单位技术服务意识还不强，有些单位的基础性工作跟不上，还有些单位甚至牺牲检测公正性去迎合某些客户的需要。本案例就是一个例证。

众所周知，输送易燃、易爆天然气管道存在较大危险性，而焊缝又是管道安全运行薄弱环节之一，如果焊缝内在质量缺陷得不到发现和消除，势必给管道安全运行带来较大的质量风险。本案例中的检测单位对这样一项极其重要的检测任务，却偏离了检测工作的职业准则。首先，在检测准备阶段就违反了规定，没有针对项目的特点制定相应的检测操作规程、工艺卡及监测方案。检测的准确性难以从技术上得到保证。

其次，通过两份X射线底片比对以及对出现大量雷同底片的分析，表明检测单位存在作假行为。究其原因，与目前无损检测市场不完善有一定的关系。由于部分施工单位对质量意识的认识停留在资料过关的阶段，并且检测单位目前是被动地接受施工单位的委托，因此在检测单位和施工单位之间的关系，不仅是委托和被委托，同时又是检测和被检测，在经济关系和公正性上看似矛盾的两者，许多检测单位很难把好关，导致检测市场上评价一个检测单位工作质量的标准不是严谨，而是能否在必要时的灵活和方便。在这样的环境中，检测单位无奈地扮演了提供合格报告的"打印机构"角色。

通过以上分析，本案例所暴出的问题，属于严重的质量问题，如何防止这些问题的再发生，除检测单位自身提高检测质量意识，树立技术服务理念外。政府还应从政策上逐步净化、规范检测市场环境。

3. 处置

质量管理人员针对发现的问题，签发了工程质量问题整改通知单，做出了如下处理意见：

(1) 责令检测单位停止现场的检测工作；

(2) 建议上级主管部门对无损检测单位的质量行为按照《工程建设质量管理条例》有关规定进行处罚；

(3) 建议建设单位取消无损检测单位对该工程的检测任务；

(4) 对所拍摄的138道焊口全部重新检测和评定；

(5) 监理单位必须配备检测专业工程师，加强对检测工程监管力度，要不定期地对检测单位的检测质量进行抽检。

【案例十三】

1. 背景材料

质量管理人员早上一上班便对某对二甲苯装置工艺管道焊接情况进行了检查，发现：

(1) 有两名焊工正在进行工艺管线焊接，保温桶和其中的约50根焊条均是冷的。这时焊条管理员还未上班，所以无法更换焊条。两名焊工不能出示焊工证，焊工资格报验材料中也未查到。

(2) 技术交底记录中，无焊条领用及回收方面内容。

(3) 焊条领用及回收记录中，只有领用记录，无回收记录。

(4) 焊工资质报验资料中没有这两名焊工的资格证或其复印件，该焊工的资质未经报验。

2. 评析

两名焊工施焊的工艺管线材质为20号碳钢，焊接方法为GTAW＋SMAW，焊接材料为H08Mn2SiA＋J427。大家知道，J427药皮为低氢钠型，属低氢钠型碱性焊条。该焊条具有良好的抗裂性和力学性能，主要用于承受动荷载、后壁结构及低温等重要结构的焊条，但焊接工艺性能较差，会因吸潮而使工艺性能变坏，造成电弧不稳、飞溅增大，易产生气孔、裂纹等缺陷。

因此，《焊接材料质量管理规程》JB/T3223对低氢型碱性焊条有以下要求：①使用前必须进行烘干，以降低焊条的含氢量，防止气孔、裂纹等缺陷产生；②烘干后在常温下搁置4h以上，在使用时应再次烘干；③焊接材料管理员对焊接材料的烘干、保温、发放及回收应作详细记录，达到焊接材料使用的可追溯性。

本案例中，两名焊工正在使用的焊条为前一天所领，已在常温下搁置了10多个小时，使用前应再次烘干，如继续使用势必会影响其焊接质量，增加了气孔、裂缝等缺陷产生的概率，也违反了《焊接材料质量管理规程》JB/T3223的有关规定。

上述情况的发生，归根结底还是焊接材料管理制度和组织机构不能正常运转造成的。本案例中的施工单位虽制定了焊条的领用及回收制度，要求在正常情况下一天发放/回收焊条2次，若遇加班等特殊情况还要追加一次，保证烘干后在常温下的搁置不超过4h，且要求每人每次最多发放50根焊条，当天完工后对未使用的焊条予以回收。但在执行时未得到落实，在焊接技术交底时，没有焊条的烘干、领用及回收的要求；当天未用完的焊条没有回收，第二天继续使用却无人管理。好的制度在工程中得不到有效的执行，这一问题已成为当前工程管理中一大通病了。

另外，焊工为特殊工种，标准规范对其上岗有明确的要求，石油化工装置的特殊性对这一点要求更是严格，《石油化工有毒、可燃介质管道施工及验收规范》SH3501对焊工上岗资格的问题作为强制性条文来要求。本案例中的对二甲苯装置虽然介质压力、温度不高，管道材质多为碳钢，但其工艺介质有一定毒性，安全环保十分重要。从事该专职管道焊接人员必须取得劳动部门颁发的特种作业人员资格证书，还必须经监理审查合格后方可从事特殊作业，然而本案例中的两名焊工的资质未经确认却进行了焊接作业。目前，各地工程建设项目较多，施工企业人员流动频繁，给人员管理造成一定的难度。这就需要施工单位做好特殊工种的动态管理台账，加强监理人员的报验管理，不定期对现场特殊工种人员进行检查。

3. 处置

根据上述情况，质量管理人员发出书面通知，要求：

（1）正在施焊的两名焊工暂停作业，进一步对其上岗资格进行审查；

（2）加大焊缝无损检测比例；

（3）重新进行焊接技术交底，切实履行好焊条的烘干、领用及回收制度。

【案例十四】

1. 背景材料

质量管理人员对某乙烯装置低温罐区电气工程进行巡监时发现：乙烯压缩机区域的设备、钢结构的接地有串联连接问题。

2. 评析

设备、开关箱、钢结构等接地支线串联连接问题在监督检查中时有发现，属工程质量通病，不符合《建筑电气工程施工质量验收规范》GB50303第3.1.7（强制性条文）“接地（PE）或接零（PEN）接地支线必须与接地干线相连接，不得串联连接”的要求。究其产生的原因，主要有以下几点：

（1）接地干线设计不合理，与需要接地的设备距离过长；

（2）图省事、节省材料和人工；

（3）对规范要求、接地干线和接地支线的区别不熟悉；

（4）对该问题的危害和后果不清楚。

关于接地支线不能串联连接以及接地干线与接地支线的区别，《建筑电气工程施工质量验收规范》GB 50303 给出了明确解释：

（1）电气设备或导管等可接近裸露导体的接地（PE）或接零（PEN）可靠是防止点击伤害的主要手段。

（2）接地干线和接地支线是有区别的，干线是在施工设计时，依据整个单位工程使用寿命和功能来布置选择的，它的连接通常具有不可拆卸性，如熔焊连接，只有在整个供电系统进行技术改造时，干线包括分支干线才有可能更动敷设位置和相互连接处的位置，所以说，干线本身始终处于良好的电气通道状态。而支线是指由干线引向某个电气设备、器具（如电机、单相三孔插座等）以及其他需要接地或接零单独个体的接地线，通常用可拆卸的螺栓连接，这些设备、器具及其他需要临时或永久的拆除，若他们的接地支线彼此间是相互串联连接，只要拆除中间一件，则与干线相连方向相反的另一侧所有电气设备、器具及其他需要接地或接零的单独个体全部失去点击保护，这显然是不允许的，要严禁发生的，所以说支线不能串联连接。

为避免接地支线串联连接，相关负责主体需加强对标准规范的学习，不断提高质量意识，在工作中加以自律。

3. 处置

质量管理人员向总包单位发出书面通知，要求完善接地干线设计，施工单位应依据设计要求，按《建筑电气工程施工质量验收规范》GB50303 规定消除接地串联问题。

【案例十五】

1. 背景材料

质量管理人员在对某乙烯装置化工罐区仪表工程检查时发现：现场安装的气动切断阀和调节阀均未进行试验。

2. 评析

气动切断阀和调节阀是直接涉及石油化工装置安全运行和使用功能的自控设备，在生产过程中起着重要作用，一旦没用，若存在阀体泄漏、动作不正常等质量缺陷，将会给装置的开车、安稳生产带来威胁甚至是安全隐患。

本案例反映的气动切断阀和调节阀安装前未进行试验，看似简单，却暴露施工过程中的违反法规、标准规范的质量行为问题：

（1）违反了《建设工程质量管理条例》第二十九条，该条明确了施工单位必须按技术标准对材料设备进行检验的强制性规定。

（2）违反了国家标准《自动化仪表工程施工及验收规范》GB50093 的规定，控制阀和执行机构的试验应符合下列要求：①阀体压力试验和阀座密封试验等项目，可对制造厂出具的产品合格证明和试验报告进行验证，对事故切断阀应进行阀座严密性试验，其结果应符合产品技术文件的规定。②膜头、缸体泄漏性试验合格，行程试验合格。③事故切断阀和设计规定了全行程时间的阀门，必须进行全行程时间试验。④执行机构在试验时应调整到设计文件规定的工作状态。

（3）仪表气动切断阀和调节阀的检验和试验记录，是承包商向监理进行设备报验的重要资料，也是监理工程师应该进行审核的主要内容。本案例中，承包商、监理未履行报验、审核职责，均违反了《建设工程监理规范》GB 50319 第 5.4.6 条的规定。

3. 处置

质量管理人员签发了书面通知，要求施工单位进行整改，防止不合格的气动切断阀和调节阀流入生产。

2.7 HSE 管理案例

【案例一】 气柜投产火灾

1. 背景资料

某化工厂 3 号气柜于 2000 年 8 月建成，2002 年 2 月投用，2009 年 5 月 8 日停用大修。在施工作业前已对气柜内可燃介质作了氮气置换十天（兼换水槽水二次），8 月 6 日，拆开 Dg500 进口阀，从该处给蒸汽吹扫，将柜内积存的天然气凝析油用水垫的方法使其流出清除，三天后停蒸汽，交检修进行防腐和其他项目施工作业。8 月 25 日上午又拆开 Dg600 阀门，并清扫干净积存物，16∶30 时用蒸汽从 Dg500 法兰处再吹扫，同时用水垫油流出。8 月 26 日上午 8∶30 时，会同检修公司、油厂安全处、车间有关人员到现场研究将气柜油封中的油放出清扫，并进行清扫和动火措施。根据现场情况研究决定：①气柜内残留的少量密封油和凝析油及聚丙烯粉末要清扫干净；②动火时继续用水冲洗，并加蒸汽掩护。措施落实后，14∶30 时施工人员进入现场，15∶30 时正式动火，先从气柜油封南边用火焊割开一个 $\Phi 200$ 的孔，没有发现任何异常情况。15∶38 时，当用火焊在气柜油封北边开孔时，油封内着火，监护人和现场的车间安全员用蒸汽及灭火器灭火，未能扑灭，即通知消防队，消防人员于 16∶20 时将火扑灭。火灾烧坏导气管、油封防腐层及气柜壁、气柜顶部分防腐层。

2. 结论与评析

（1）事故直接原因：气柜内仍有存积凝析油；在没有确认气柜内是否存在可燃物的情况下未做气体分析违章动火。

（2）事故间接原因：对气柜内积存物分析不够；在特殊容器特殊条件下动火，采取的措施不够完善。

3. 防范措施

（1）气柜要置换合格，沉积物要清扫干净，动火前必须采样气体分析合格。

（2）导气管口要用石棉布盖住，减少导气管抽力。

（3）动火前先往动火处灌一层泡沫或通入蒸汽掩护。

（4）动火时，气柜内和气柜顶不能站人。

（5）要有专人监控看火。

（6）在特殊容器特殊条件下动火，要申请消防中心派消防车监护。

【案例二】 工程项目施工现场动火安全措施

1. 背景资料

某安装公司承担了化工厂车间不停车改造任务，化工生产车间属于易燃易爆危险品生产区域，而车间改造不可避免会有各种动火情况发生，为了防止着火，特编制了如下工程项目施工现场动火安全措施：

凡是动火施工、检修等都必须事先申请，经动火审批取得动火许可证后方可动火。在动火中必须严格遵守以下安全措施要求：

（1）将动火设备（塔、容器、油罐、换热器、管线等）内的油品、溶剂、油气等可燃性物质彻底清理干净，并用足够时间进行蒸汽吹扫和水洗，达到动火条件。

（2）切断与动火设备相连通的设备管线，加盲板彻底隔离。

（3）给动火设备通以蒸汽（或氮气）进行置换。

（4）塔、容器、油罐动火，应做爆炸分析和含氧量测定，合格后方可动火。动火前，人在外面进行设备内打火试验。工作时，外面应有专人监护。

（5）动火附近的下水井、地漏、地沟、电缆沟等，应清除易燃物，并予封闭。

（6）塔内动火，可用石棉布或毛毡用水浸湿，铺在相邻两层塔盘上，进行隔离。

（7）电爆回路线应接在焊件上，不得利用下水井或与其他设备连接地线。

（8）高空动火不准许火花四处飞溅，以海草席或石棉布进行围接。乙炔发生器和氧气瓶严禁放在管道和电线下方，两者之间以及与动火地点应保持一定安全距离。高处作业使用的安全带、救生索等防护装备应采用防火阻燃的材料，需要时使用自动锁定连接。

遇有五级以上（含五级）风不应进行室外高处动火作业，遇有六级以上（含六级）风应停止室外一切动火作业。

（9）动火过程中，遇有跑、冒、滴、漏油、易燃气、液体，应立即停止动火。

（10）室内动火应将门窗打开，遮盖周围设备，封闭下水道口，清除油污，附近不得用汽油等易燃液体清洗设备零件。

（11）罐区动火，油罐不得脱水，清除易燃物时注意方向。

（12）电缆沟动火，应检查有无易燃气体和积油，必要时将沟两端隔绝。

（13）下水井动火，应将易燃物吹扫干净，封闭进、出口。如向井内接管线，而不在井内动火，则将井内管子一端封闭予以隔离。

（14）动火现场，要备有灭火工具（如蒸汽管、灭火器、砂子、铁锹等）。

（15）上班开始工作前和下班后，均应认真检查条件是否有变化，不得留有余火，动火部位或部件应予冷却。

（16）电、气焊工必须遵守有关安全操作规程。

2. 评析

满足上述要求外还应增加几项：

（1）动火施工区域应设置警戒，严禁与动火作业无关人员或车辆进入动火区域，必要时动火现场应配备消防车及医疗救护设备和器材。

（2）与动火点直接相连的阀门应上锁挂牌；动火作业区域内的设备、设施须由生产单位人员操作。

（3）距离动火点 30m 内不准有液态烃或低闪点油品泄漏；半径 15m 内不准有其他可燃物泄漏和暴露；距动火点 15m 内所有的漏斗、排水口、各类井口、排气管、管道、地沟等应封严盖实。

（4）动火作业前，应对作业区域或动火点可燃气体浓度进行检测，使用便携式可燃气体报警仪或其他类似手段进行分析时，被测的可燃气体或可燃液体蒸气浓度应小于其与空气混合爆炸下限的10%（LEL）。使用色谱分析等分析手段时，被测的可燃气体或可燃液体蒸气的爆炸下限大于等于4%（V/V）时，其被测浓度应小于0.5%；当被测的可燃气体或可燃液体蒸气的爆炸下限小于4%时，其被测浓度应小于0.2%（V/V）。

（5）动火前可燃气体检测时间距动火时间不应超过30min。安全措施或安全工作方案中应规定动火过程中的气体检测时间和频次。

（6）动火作业人员在动火点的上风作业，应位于避开油气流可能喷射和封堵物射出的方位。特殊情况，应采取围隔作业并控制火花飞溅。

（7）在动火作业过程中，应根据安全工作方案中规定的气体检测时间和频次进行检测，填写检测记录，注明检测的时间和检测结果。

（8）动火作业过程中，动火监护人应坚守作业现场。动火监护人发生变化需经批准。

（9）带压不置换动火作业是特殊危险动火作业，应严格控制。严禁在生产不稳定以及设备、管道等腐蚀情况下进行带压不置换动火；严禁在含硫原料气管道等可能存在中毒危险环境下进行带压不置换动火。确需动火时，应采取可靠的安全措施，制定应急预案。

（10）带压不置换动火作业中，由管道内泄漏出的可燃气体遇明火后形成的火焰，如无特殊危险，不宜将其扑灭。

3. 结论

由于安装公司高度重视，建立严格的规章制度，在化工厂车间不停产改造中没有发生任何着火爆炸事故。

【案例三】 高空坠物伤人

1. 背景资料

2009年5月7日上午，某金属结构制造厂铆工徐某等三人和起重工王某等两人为再生器 辅助燃烧室竖立衬里支架，由于支架太长，气焊工对其进行切割，铆工邓某发现切割后的H 型钢有粘连处，用一根方钢准备撬H型钢，但没撬动，便把方钢放在支架的柱腿上，然后进行二次切割。支架改造好后，现场人员对架子做了检查，但没有发现放在支架柱腿上的方钢。上午11时40分左右，起重工指挥起吊，当支架吊到垂直位置时，方钢从离地面6m高处坠落，砸在站在下面工作的张某安全帽上，造成安全帽顶部破裂，顶衬绳脱开，头部划伤。

2. 结论与评析

（1）现场人员在支架改造完对架子进行检查，没有发现放在支架柱腿上的方钢，当支架吊到垂直位置时，方钢从离地面6m高处坠落，砸到站在下面工作的张某安全帽上。

（2）在支架吊装前，对支架没有进行认真检查、清理，造成支架上留有杂物。

（3）吊装时未设警戒区，同时无关人员违章进入警戒区作业。

3. 防范措施

（1）吊装时，施工人员不得在工件下面、受力索具附近及其他有危险的地方停留。

（2）吊装作业区应设警戒线，并作明显标志，吊装工件时，严禁无关人员进入或通过。

【案例四】 检修时未挂标识牌触电

1. 背景资料

2010年7月3日8时30分，某建设公司仪表调校班齐某、陈某、王某会同某厂检修车间职工李某，对乙炔装置AC鼓风机温度开关进行模拟校验。该温度开关为220V供电。开关柜在二层平台。陈某到二层平台开关柜检查盘面指示灯及盘后总开关（未挂标识牌，未设监护人）确认开关处于断开状态后，即踩着搭在风机2C510出口管的铝合金梯子上，将需调校的温度开关拆下调校。与此同时，AC压缩机试车负责人李某与钳工王某对压缩机油系统流程进行检查，并对泵检查后，确认设备流程具备试车条件，就通知电气班要求送电。

电气班电工曹某接到送电通知后又通知房某，房某接通知后检查了欲启动电机的绝缘电阻后，确认可以送电。

上午9时，曹某在配电室负责主回路送电，房某负责现场单机送电，当回路送上电后，房某按要求启动油泵电机，送电后没启动起来，经查线路没有电。这是由于压缩机的4台油泵电机是由齐某等正在调校的温控开关的控制盘来控制的，该盘不送电时，油泵电机即无法启动。于是房某到二层平台上合上了控制盘上的总开关，开始进行油运，温度开关的控制线上已带电。10点40分左右调校完后，由陈某扶梯子，齐某在梯子上将温度开关进行复位安装，安装完感温元件在接电源线时发生触电事故，从梯子坠落。齐某因电击伤，心脏骤停，经抢救无效死亡。

2. 结论与评析

(1) 仪表班在调校仪表施工过程中未挂标识牌，未设监护人；齐某在安装温度开关时，安装完温度开关感温元件后，一手扶在感温元件上，另一手去抓控制线头，致使电流从身体通过。

(2) 电气班在试车送电时，没有严格按照接送电的程序送电，调校班进行复位时也未再进行断电确认。

3. 防范措施

(1) 安装、巡检、维修或拆除临时用电设备和线路，必须由电工完成，并应有人监护。电工等级应同工程的难易程度和技术复杂性相适应。

(2) 配电柜应装设电源隔离开关及短路、过载器。电源隔离开关分断时应有明显可见分断点。

(3) 配电柜或配电线路停电维修时，应挂接地线，并应悬挂“禁止合闸、有人工作”停电标志牌。停送电必须由专人负责。

【案例五】 焊接未用绝缘手套触电

1. 背景资料

2008年12月18日白班，河北省某化工厂电工班根据车间安排，到硫化塔内进行气割工作。该班历某未戴绝缘手套持电焊把进入塔内，站稳后招呼塔外同志接上电源，将焊把插头插进插座，在手拿焊把准备切割时，触及焊把接线处的漏电处，历某被电击伤，经抢救无效死亡。

2. 结论与评析

(1) 电工历某手持的电焊把线接头处漏电，且未使用绝缘手套，是造成触电事故的直接原因。安全技术措施不落实是事故的主要原因。

(2) 作业前安全检查不严，电焊工具带病使用，未安装漏电保护器，反映出入塔动火作业考虑不周，安全管理不到位。

3. 防范措施

(1) 塔内用电焊使用前应严格检查，要配备触漏电保护器。

(2) 操作人员要戴电焊手套。

【案例六】 电气焊接操作安全技术

1. 背景资料

某安装公司承担化工厂管线安装任务，有大量焊接工作，为此制定了电气焊接安全操作规程。

操作人员必须持有电气焊特种作业操作证方可上岗，学徒人员须在持有该证且经验丰富人员指导下方可操作。设备应专人使用，专人管理，非操作人员未经车间负责人批准，不得操作。操作者应认真阅读设备使用说明书，熟悉设备性能，了解其工作原理。

施焊前作好如下准备工作：

工作前必须穿好工作服，戴好工作帽、手套、劳保鞋。工作服口袋应盖好，并扣好纽扣。工作时用面罩。施焊人员必须明确任务，熟悉工艺过程，弄清焊件的内外结构，禁止不清楚内部结构而盲目焊接。焊机应放置在距墙和其他设备 300mm 以外的地方，通风良好，不得放置在日光直射、潮湿和灰尘较多处。

认真检查设备、用具是否良好安全，检查电焊机金属外壳的接地线是否符合安全要求，不得有松动或虚连。认真检查与整理工作场地，清除易燃、易爆物品，导线、地线、手把线应分开放置，能设防护围屏的应将围屏安放好。

施焊工作场地的风速应较小，必要时采取防风措施。电焊作业场所尽可能设置挡光屏蔽，以免弧光伤害周围人员的眼睛。乙炔气瓶与氧气瓶与动火作业的距离应在 10m 以上。

电焊机不准放在高温或潮湿的地方，焊机机壳接地良好，电源必须接零。检查焊接电缆，电缆外皮必须完整、绝缘良好。绝缘电阻不得小于 1MΩ，外皮有破损时应及时修补完好或更换。禁止两台电焊机同时接在一个电源开关上，不准私自拆接电源线。

焊机的一次电源线长度不准超过 3m，当有临时任务需要较长的电源线时，应沿墙或立柱用瓷瓶隔离布设，其高度必须距地面 2.5m 以上，不允许将电源线直接拖在地面上。焊机与焊钳须用软电缆线连接，长度不准超过 30m。焊机电缆线应为一整根线，中间不应有连接接头，当工作需要接长导线时，应使用接头牢固连接，连接处应保持绝缘良好。焊接电缆线如需横过马路或通道时，必须采取加保护套等安全保护措施，严禁搭在氧气瓶、乙炔瓶或其他易燃物品的容器和材料上。把线、地线禁止与钢丝绳接触，更不得用钢丝绳索或机电设备代替零线，所有地线接头，必须连接牢固。

电焊机外露的带电部分应设有完好的防护（隔离）装置，电焊机裸露接线柱必须设有防护罩。禁止以建筑物金属构架和设备等作为焊接电源电路。焊机上不得堆放杂物。

检查电焊钳绝缘性能，手柄要有良好的绝缘层。施焊人员合电焊机开关时，应戴干燥绝缘手套，另一只手不得按在电焊机的外壳上。头部要在开关的侧面。

根据焊件的形状、材质、厚度、焊接位置等选择正确的焊接参数施焊。

焊接时应注意事项：

焊接过程中如发现焊机冒烟、噪声、异常温升等故障现象，必须停机检查，不得带病使用。不准在带压、带气、带电设备上焊接，特殊情况下须焊接时应制定周密的安全措施，并报上一级批准。

禁止在储有易燃、易爆物品的房间内焊接，如必须焊接，焊接点距易燃、易爆物品最小水平距离不小于5m，并根据现场情况采取可靠的安全措施。在锅炉或密闭金属容器内施焊时，容器必须可靠接地，通风良好，并应有人监护，及时把有害烟尘排出，以免中毒，严禁向容器内输入氧气。

一般情况下，禁止焊接有液体压力、气体压力和带电设备。对于有残余油脂、可燃液体容器，焊接前应先用蒸气和热碱水冲洗，并打开盖口，确定容器清洗干净方可焊接，密封的容器不准焊接。

禁止在储有易燃、易爆的场所或仓库附近进行焊接。在可燃物品附近进行焊接时，必须距离5m外，在露天焊接必须设置挡风装置，以免火星飞溅引起火灾。在风力五级以上，不宜在露天焊接。

禁止在雨雪中焊接，如必须焊接，则采取防雨雪措施。在可能引起火灾的场所附近焊接时，必须备有必要的消防器材。焊接人员离开现场时，必须检查现场，确保无火种留下。在金属容器内焊接时，应设专人监护，并保持容器通风良好。容器内使用的行灯电压不准超过12V，行灯变压器的外壳应可靠接地，不准使用自耦变压器。

在梯子（木制或竹制）上只能进行短时不繁重的焊接工作，并设专人监护，禁止登在梯子最高梯阶上施焊接。在高空焊接时，必须扎好安全带，焊接下方须放遮板，以防火星落下引起火灾或灼伤他人。更换场地移动把线时，应切断电源并不得手持把线爬梯登高。在潮湿地方焊接，必须站在干燥的木板上，确保绝缘良好。禁止将带电的绝缘电缆搭在身上或踏在脚下，换焊条时，应将焊条置入焊帽内。禁止将过热的焊钳浸在水中冷却后使用。清理焊渣时必须戴白光眼镜并避免对着人敲打焊渣。

调节焊接电流时，必须切断电源后再进行。焊机发生故障或漏电时，应立即切断电源，联系电修人员修理。拆卸或修理电焊设备的一次线，应由电工进行。必须焊工自己修理时，在切断电源后，才能进行。

焊接中停电，应立即关电焊机。工作中，不准触摸焊机内部，以免触电。移动电焊机或往远处拉线时，先关闭电源，再行移动。

作业结束后，检查焊接设备技术状态，确保良好，关电焊机断开电源。清理卫生。做好设备运行的全过程记录。

2. 评析

本电焊安全操作规程符合相关规范要求，具有较好的操作指导意义。

3. 结论

由于机电安装公司非常重视电焊安全工作，严格按安全操作规程指导工作，圆满完成了管道安装施工任务，没有发生一起焊接安全事故。

【案例七】 吊装捆扎不当吊物坠落事故

1. 背景资料

2008年11月3日，某乙烯项目裂解炉施工现场。某安装公司起重班指挥30t塔吊，吊装F型炉管。因吊点选择在管段中心线以下，同时未采取防滑措施，造成起吊后钢丝绳滑动，管段急速下沉900mm，在强大外力作用下，使钢丝绳在卡环处断裂，钢管坠落。将刚从裂解炉直爬梯下到地面准备换氩气的电焊工付某挤压致伤。

2. 结论与评析

（1）起重工违反吊装规定，选择吊点在管段中心线以下时并未采取防滑措施，致使钢丝绳在卡环处断裂见图 2-14。

卡环与钢丝绳

炉管坠落后现场

图 2-14　事故现场图

（2）吊装时未设置警戒区，监护不到位，非作业人员违规进入吊装坠落范围内。

3. 防范措施

（1）超大型、大型和中型工件吊装或拆除前，应编制施工方案，小型工件可编制施工技术措施。

（2）根据工程特点、起重机械性能以及现场条件等具体情况，结合工件的强度、刚度、局部稳定性等选择最有利的受力条件、最佳的吊装状态和吊点位置，并对工件进行受力计算，必要时应采取补强加固措施。

（3）工件用捆扎方法吊装时，应做到绳扣出头位置合理，保证起吊过程中绳扣受力均匀。

（4）吊装时，施工人员不得在工件下面、受力索具附近及其他有危险的地方停留。

（5）吊装作业区应设警戒线，并作明显标志，吊装工件时，严禁无关人员进入或通过。

【案例八】　吊车倾斜事故

1. 背景资料

2009 年 1 月 15 日，某建筑安装工程公司租赁 50t 汽车吊，配合安装某乙烯项目公用工程管廊金属结构。

上午 9 时 30 分左右，当吊车吊起一架 6t 左右重的构件准备就位时，吊车发生倾斜，吊车司机跳车逃生，从操作室下到转台时没有站稳，跌落车下摔倒，被侧翻吊车砸中，将其头部及躯干压在吊车下，当场死亡。

2. 结论与评析

（1）违章操作造成起重力矩过大，超过额定载荷，致使吊车侧翻。

（2）未及时发现事故隐患并采取必要的防范措施，而且司机逃生方法不当。

3. 防范措施

（1）移动式起重机吊装作业实行作业许可管理，吊装前需办理吊装作业许可证。

(2) 使用前起重机各项性能均应检查合格。吊装作业应遵循制造厂家规定的最大负荷能力，以及最大吊臂长度限定要求。

(3) 流动式起重机吊装应符合下列规定：

1) 单机吊装工件，吊装载荷应小于起重机规定工况下的额定起重量；

2) 吊臂与工件及吊钩滑车三者间应有足够的安全净距。

(4) 超大型、大型和中型工件吊装或拆除前，应编制施工方案，小型工件可编制施工技术措施。

(5) 根据工程特点、起重机械性能以及现场条件等具体情况，结合工件的强度、刚度、局部稳定性等选择最有利的受力条件、最佳的吊装状态和吊点位置，并对工件进行受力计算，必要时应采取补强加固措施。

(6) 根据起重机型号，出入起重机驾驶室、操作室均应配备梯子（带栏杆或扶手）或台阶；所有主臂副臂应设置机械式安全停止装置。

(7) 进入作业区域之前，应对基础地面及地下土层承载力、作业环境等进行评估。在正式开始吊装作业前，应确认人员资质及各项安全措施。起重司机必须巡视工作场所，确认支腿已按要求垫枕木，发现问题应及时整改。

2.8 试运行管理案例

【案例一】 小型往复压缩机的无负荷试运转

1. 背景资料

某建设公司承担了化工厂车间改造项目施工，对其安装的排气量为 30m³/min 的小型压缩机按如下步骤进行了单机无负荷试运转。

(1) 试运转的条件和准备工作

电动机干燥耐压试验合格后，用干燥无油的压缩空气吹除了其电动机内部各空间的杂物；并以塞尺复查定子与转子的间隙合格。将与电动机连接的风管已吹除干净；励磁系统和风冷系统已调整、试车。电动机试运转时，其转向、电压、电流、温度等符合电动机技术资料的规定。该电动机属独立支承，将其与联轴器脱开单独运转了 2 小时，检查其滑动轴承温度为 50℃，滚动轴承温度为 55℃。卸下各级气缸吸、排气阀及入口管道，同时进行了下列工作：在卸下的吸、排气阀腔口上，装上 10 目/英寸的金属过滤网，并予以固定；启动注油器，检查注油点供油量正常；盘车复测各级气缸的余隙数值合格。气缸滚动支承的上、下接触处，按规定注入了黏度较大的润滑油。复查了电动机、压缩机各连接件及锁紧装置确认紧固，盘车复测十字头在滑道前、中、后位置处，滑板与滑道的间隙数值合格。启动盘车器，检查各运动部件无异常现象。停车时活塞避开了前、后死点位置，停车后手柄转至开车位置。

(2) 无负荷试运转

无负荷试运转前，进行了下列工作：开启水系统全部阀门，检查系统水压和回水量合格；启动循环油泵，油压按机器技术资料的规定进行了调整，检查机器各供油点油量符合规定；启动注油器，检查机器各注油点油量符合规定；启动电动机风冷系统。先瞬间启动电动机，检查转向正确，机器各运动部件无异常现象。再次启动电动机检查机器各部音响、温度及振动等。运转正常，进入无负荷试运转，连续运转了4h。

无负荷试运转时检查了下列项目：运转中无异常音响；润滑油系统工作正常；滑动轴承温度不超过60℃；滚动轴承温度不超过70℃；金属填料函压盖处的温度不超过60℃；中体滑道外壁温度不超过60℃；电动机温升、电流不超过铭牌规定；电气、仪表设备正常工作。无负荷试运转时，每隔30min应做一次试运转记录。

无负荷试运转后，按下列步骤停机：按电气操作规程停止电动机及通风机；主轴停止运转后，立即进行盘车后停止注油器供油；停止盘车5分钟后，停止循环油泵供油；关闭上水阀门，排净机组和管道内的积水。

（3）在整个试运转过程中，由施工单位组织，并事先编制了试运转方案并得到建设方批准。在试运转前请监理对各项工作都进行了检查并签字确认。试运转中建设、设计、监理、施工四方一直在场，最后一起检查，分别签字确认。

2. 评析

本单机无负荷试运方案由施工单位编制，建设单位审批，试运由施工单位组织，建设、设计、监理单位参加，符合规定。试运方法严格按照HGJ206规范执行。

3. 结论

此试运方案方法正确，试运由施工单位组织，建设、设计、监理单位参加并有四方检查试运合格，签字认可，因此试运验收合格。

【案例二】 小型往复压缩机的负荷试运转

1. 背景资料

某建设公司承担了某压缩机站部分改造任务施工，并按下列步骤对其安装的一台$30m^3/min$小型压缩机进行了单机空气负荷试运转。

试运转的条件和准备工作

最终空气排气压力不高于10MPa。安全阀预先按有关规定进行整定完毕。

负荷试运转

负荷试运转前，进行了下列工作：检查供水量；启动循环油泵及注油器，检查各处油量。循环油系统压力为0.18MPa；开启气体管道全部阀门；启动盘车器检查机器的运转情况。停止盘车时活塞不在前、后死点位置。盘车器手柄置于开车位置；启动电动机的通风机。

启动压缩机空运转20min后，分3～5次逐步加压至规定压力。各级气缸的出口压力应用各级卸载阀门调节控制。每次加负荷时缓慢升压，压力稳定后连续运转1h后再升压。

负荷试运转时，机器运动部分无撞击声、杂音或异常振动现象；滑动轴承温度宜为65℃；滚动轴承温度宜为75℃；金属填料函压盖处温度为60℃；中体滑道外壁温度为60℃。各运动部件的供油量基本正常；各级气缸吸入及排出气体压力与温度正常；各级填料函及管道系统的密封程度良好；各级气缸、冷却器的回水温度正常；各级缓冲器及油水分离器排油、水情况正常；电气、仪表设备应工作正常。

当各级出口压力达到规定数值后，即进入负荷试运转，负荷试运转8h时发现工艺管道震动超出规定标准，停运后增设一个管架之后基本消除了震动。又重新启动继续运转了4h。

负荷试运转时，每隔30min做一次试运转记录。

负荷试运转的停机

机器试运转结束后，从第一级开始依次缓慢地开启卸载阀门及排油、水阀门，逐渐降低各级排出压力。卸载后停止电动机的运转，同时启动盘车器盘车。

负荷试运转后，按下列步骤停机；按电气操作规程停止电动机及通风机；主轴停止运转后，立即进行盘车。当停止盘车时，停止注油器供油；停止盘车 5min 后，停止循环油泵供油。关闭供水总阀门，排净机器、设备及管道中的存水。

负荷试运转停机后，抽检了下列项目：主轴瓦、连杆大、小头轴瓦的磨合程度；吸、排气阀门及气缸镜面无机械损伤。

整个试运转结束。

2. 评析

循环油系统压力为 0.18MPa 偏低，导致滑动轴承温度、滚动轴承温度、金属填料函压盖处温度和中体滑道外壁温度均达到合格温度的上限。应调整循环油系统压力达到 0.2MPa 以上，并启动循环油泵及注油器，检查各处油量是否符合标准要求。并增大润滑和冷却油量适当降低滑动轴承温度、滚动轴承温度、金属填料函压盖处温度和中体滑道外壁温度。

负荷试运转 8h 时发现工艺管道震动超出规定标准，停运后增设一个管架之后基本消除了震动。又重新启动继续运转了 4h 就认为负荷试运转时间符合标准不正确，标准规定“排气量小于或等于 $40m^3/min$ 的压缩机，应连续运转 12h”。因此在停机消除振动之后应该重新试运转 12h。

机器试运转结束后，从第一级开始依次缓慢地开启卸载阀门及排油、水阀门，逐渐降低各级排出压力操作方法不对。机器试运转结束后，应从末级开始依次缓慢地开启卸载阀门及排油、水阀门，逐渐降低各级排出压力。

试运转检查合格后，机器还应再进行 4～8h 负荷运转。停机后，应清洗油系统，更换新油。

3. 结论

本次试运行结果看，压缩机安装基本合格。但试运转存在一些方法问题。修改后施工单位应再次制定单机试运转方案，报建设方审批后，邀请建设方、设计方、监理方一起再次进行单机试运转，待检查合格后可以验收。

【案例三】 离心输油泵单机试运转

1. 背景资料

某安装公司承担了某油田集输站的管线施工，并按下列程序对其安装的一台 500kW 的输油离心泵进行了单机试运转：

（1）离心输油泵组试运前，由安装单位制定了单机试运方案，呈报主管部门批准或备案。试运方案应包括下列内容：试运转的程序及应达到的要求；试运转的流程；试运转操作规程或注意事项；指挥和联系信号；安全措施和守则；各项记录表格。

（2）试运转由施工单位工人进行。核实了安装各工序已全部完成，并经检查合格；附属装置和仪表经检查验收合格；与试运转无关的设备和仪表已隔开，基础混凝土强度达到 100%；电气部分（包括配电系统，示警及信号装置等）经检验合格；现场清洁。

（3）单机试运转步骤为先电动机后泵组，先附属系统后主机，在上一步未合格前，不进行下一步的运转。电动机启动前，电机的保护、控制、测量、信号压力、励磁等回路调试完毕，动作正常；人力盘车无异常，测量各部绝缘电阻符合要求。电动机第一次试运转无负荷，运行时间应为2h以上，因电动机旋转方向不正确，连续三次停机启动更改电源后电动机旋转方向正确。泵组运行了5h。在运转时，润滑系统符合下列要求：润滑油的品种和规格符合有关规定；每个润滑部位启动前都先注润滑剂；注油器内的油脂加至规定数量。

(4) 在运转中检查了各部位的状况，运转部位没有异常响声；检查轴承温度，滑动轴承温度为80℃，滚动轴承温度为90℃；电动机无过热现象。电动机的温升应符合规定。泵组的振动值符合规定。机械密封平均泄漏量为10滴/min。冷却水压力为0.15MPa，冷却水温度为30℃。

(5) 单机试运转结束后断开电源和其他动力来源；消除压力和负荷（包括放气、排水等）；复检泵组各主要部分的配合和安装精度合格；检查和复紧各紧固部分合格；整理试运转记录。

2. 评析

(1) 试运转方案还应有下列内容：试运转机构和人员组成；岗位分工定人定岗。

(2) 参加试运转的人员，应该培训考核合格后取得上岗证。必须在试运转前熟悉有关技术资料和试运转方案中的各项细则规定。

(3) 机械设备的单机试运转，应由安装单位负责，生产单位参加，监理在场。

(4) 交流电动机带负荷连续起动次数，在冷态时可连续启动2次，每次间隔时间不得少于5min。在热态时只能启动1次。小型电动机带负荷连续启动次数可按实际情况适当增加。

(5) 压力润滑的设备启动前应先启动润滑油泵，进行整个系统的放气排污，使每个润滑点都有润滑油流出；滑动轴承油环自润滑的泵组应先盘车，并从注油孔观察抽环带油情况，带上润滑油后方可启动泵组。

(6) 在设备运转期间，应严密监视润滑系统，保证油温、油压、油量在规定范围内，并且无漏油现象。

(7) 检查轴承温度，如制造厂无规定时，滑动轴承温度不得超过70℃，滚动轴承温度不得超过75℃。

(8) 机械密封平均泄漏量不应超过3滴/min。

(9) 500kW的泵组单机试运转时间应该在8h以上。

3. 结论

因为试运转人员没有定人定岗，没有培训考核取证；电动机启动次数过多；启动输油泵前没有启动润滑油泵并观察润滑点的润滑油是否符合标准；轴承温度超高；机械密封泄漏超标；试运时间不够；现场无生产单位人员和监理在场。所以本次试运不合格，不予验收。

【案例四】 往复泵试运转

1. 背景资料

某安装公司承担化工厂建设，按下列程序对其安装的80kW往复式泵进行单机试运转。

（1）泵试运转前的检查

润滑、密封、冷却和液压等系统已经清洗洁净并保持畅通，其受压部分经过严密性试验；润滑部位加注的润滑剂的规格和数量符合随机技术文件的规定；泵的各附属系统已单独试验调整合格，并运行正常；泵体、泵盖、连杆和其他连接螺栓与螺母已按规定的力矩拧紧，并无松动；外露的旋转部分均有保护罩，并固定牢固；泵的安全报警和停机连锁装置经模拟试验，其动作灵敏、正确和可靠；经控制系统联合试验各种仪表显示、声讯和光电信号等，灵敏、正确、可靠，并符合机组运行的要求；盘动转子，其转动灵活、无摩擦和阻滞。

地脚螺栓、动力端、十字头连杆螺栓、轴承盖等各连接部位已连接紧固，不得松动；润滑、冷却、冲洗等系统的管道连接正确，并清洗洁净、保持畅通；盘动曲轴无卡阻；进、出口管路的阀门应全开。

（2）泵试运转

试运转的介质采用清水；检查电流不超过电动机的额定电流；润滑油无渗漏和雾状喷油；检查轴承、轴承箱和油池润滑油的温升比环境温度高30℃，滑动轴承的温度为60℃；滚动轴承的温度为70℃；泵试运转时，各固定连接部位无松动；各运动部件运转正常，无异常声响和摩擦；附属系统的运转正常；管道连接牢固、无渗漏；轴承的振动速度有效值在额定转速、最高排出压力和无气蚀条件下检测，检测及其限值符合随机技术文件的规定；泵的静密封无泄漏；填料函和轴密封的泄漏量不超过随机技术文件的规定；润滑、液压、加热和冷却系统的工作无异常现象；泵的安全保护和电控装置及各部分仪表灵敏、正确、可靠。

空负荷试运转是在进、出口管路阀门全开并输送液体情况下进行的，运转时间为45min；泵的负荷试运转在空负荷试运转合格后，按额定压差值的25%、50%、75%、100%逐级升压，在每一级排出压力下运转时间为20min；在额定压差值、额定转速和最大流量下连续运转2h；前一压力级试运转未合格，不进行后一压力级的运转；溢流阀、补油阀、放气阀等工作灵敏、可靠；安全阀应在逐渐关闭排出管路阀门、提高排出压力情况下，在规定的起跳压力下，试验安全阀的起跳压力，试验了2次其动作正确、无误；吸液和排液压力正常；泵的出口压力无异常脉动；运转中无异常声响和振动；泵的润滑油压及油位在规定范围内；油池、油箱的油温保持在70℃以下；轴承和十字头导轨孔的温度在80℃以下；填料函的泄漏量不大于泵额定流量的0.01%；各静密封面无泄漏。

观察和记录了试运转中泵的声响、振动、润滑、温度、泄漏和保护装置情况；在试运转中检查了下列各项，并做了记录：润滑油的压力、温度和各部分供油情况正常；吸入和排出介质的温度、压力符合规定；冷却水的供水情况正常；各轴承的温度、振动符合技术文件规定；电动机的电流、电压、温度在规定范围内。

试运结束停车后立即进行负荷卸载。

2. 评析

（1）安全阀应在逐渐关闭排出管路阀门、提高排出压力情况下，在规定的起跳压力下，试验安全阀的起跳压力，动作应正确、无误，其试验不应少于3次。

（2）停车应将泵的负荷卸载后进行。

3. 结论

本试运基本符合规范要求。但安全阀少试验一次；停车应将泵的负荷卸载后进行。要求安装公司整改后才能验收。

【案例五】 液压、润滑油管道的酸洗、冲洗与吹扫

1. 背景资料

某安装公司承担一小型石化厂化工装置的建设，按照规范对部分设备的液压、润滑管道的除锈，应采用酸洗法进行酸洗、冲洗与吹扫。安装公司按如下方法对这些管道进行了酸洗、冲洗与吹扫。

（1）管道的酸洗

在管道配置完成，且已具备冲洗条件后进行。油库或液压站内的管道，采用槽式酸洗法；从油库或液压站至使用点或工作缸的管道，采用循环酸洗法。管道的清洗液和脱脂剂按照国标进行配方及使用。清洗用的清洗液及配合比，根据装配件表面锈蚀、污垢和油脂的性质和程度确定，并经试验合乎要求和制定清洗操作工艺后，才使用。

酸洗法采用如下工艺流程进行：机械或人工将表面粘附的污垢去除的预清洗→去油脱脂＋酸洗除锈→碱性中和残留的酸洗液→水漂洗或冲洗→干燥清洗的机械设备和管线→防锈处理。

采用槽式酸洗法时，管道放入酸洗槽，大管在下、小管在上。

采用循环酸洗法，组成回路的管道长度，根据管径、压力和实际情况确定，不超过300m；回路的构成使所有管道的内壁全部接触酸洗液；管道系统内全部充满酸洗液，管道系统的最高部位设排气点；最低部位设排放点，管道中的死点处于水平位置，其排放口向下；当酸洗各工序需要交替时，松开死点接头，并排除死点内上一工序留存的液体；酸洗后的管道系统中通入中和液进行冲洗，并冲洗至出口溶液不呈酸性为止。

（2）管道冲洗

液压、润滑系统的管道经酸洗投入使用时，采用工作介质或相当于工作介质的液体进行冲洗。液压系统管道在安装位置上组成循环冲洗回路时，将液压缸、液压马达及蓄能器与冲洗管路分开，伺服阀和比例阀用冲洗板代替；润滑系统管道在安装位置上组成循环冲洗管路时，将润滑点与冲洗回路分开；在冲洗管路中，当有节流阀或减压阀时，将其调整到最大开口度；冲洗液加入储液箱时，经过过滤，过滤器等级不低于系统的过滤器等级。

管道清洗后的清洁度等级，符合设计或随机技术文件的规定。管道分段冲洗完成后，立即进行焊接处理。

管道冲洗焊接处理完成后请监理签字验收。

2. 评析

（1）管道冲洗完成后，其拆卸的接头及管口，应立即用洁净的塑料布封堵；对需要进行焊接处理的管路，焊接后该管路必须重新进行酸洗和冲洗。

（2）气动系统管道安装后，应采用干燥的压缩空气进行吹扫。各种阀门及辅助元件不应投入吹扫，气缸和气动马达的接口，应进行封闭。

（3）气动系统管道吹扫后的清洁度，应在排气口用白布或涂有白漆的靶板检查，经连续 5min 吹扫后，在白布或靶板上应无铁锈、灰尘及其他脏物。

3. 结论

本管道酸洗合格。但冲洗完成后没有将管口封闭，可能有脏物重新进入。应该将酸洗后焊接的部分管道重新酸洗和冲洗。再用干燥的压缩空气对全部管道进行吹扫，达到规范要求的验收标准后，封闭管口，再启动验收程序。

【案例六】 石油天然气站内管道系统吹扫试压

1. 背景资料

某安装公司承担了燃气站内一段管道施工任务，并按下列程序进行管道系统的吹扫与试压。

(1) 吹扫试压前的准备

检查、核对已安装的管道、设备、管件、阀门等，确认符合施工图纸要求。埋地管道在试压前暂不回填土，地面上的管道在试压前暂不进行刷漆和保温。试压用的压力表经过校验合格，并且有铅封。其精度等级不低于1.5级，量程范围为最大试验压力的1.5倍。试压用的温度计分度值应不大于1℃。

制定的吹扫试压方案，采取了有效的安全措施，并已经业主和监理审批。

吹扫前，系统中节流装置孔板已经取出，调节阀、节流阀已经拆除，用短节、弯头代替连通。水压试验时，已安装高点排空、低点放净阀门。试压前，将压力等级不同的管道、不宜与管道一齐试压的系统、设备、管件、阀门及仪器等隔开，按不同的试验压力进行试压。每一个试压系统至少安装两块压力表，分别置于试压段高点和低点。

(2) 吹扫

吹扫气体在管道中流速大于20m/s。事前做好管道吹扫出的脏物进入设备，设备吹扫出的脏物进入管道的防范措施。

系统试压前后分别进行了吹扫。当吹出的气体无铁锈、尘土、石块、水等脏物时为吹扫合格。吹扫合格后及时封堵。

(3) 试压

因气温为15℃，强度试压直接用清水进行，严密性试压介质采用压缩空气。强度试验压力根据站内不同压力等级分段进行，均为设计压力的1.5倍，且不低于0.4 MPa；严密性试验压力按设计压力进行。

强度试压时在管道内注入清水缓慢升压，达到强度试验压力后，稳压10 min，检查无漏无压降。强度试压结束，将水放尽。再用空气进行严密性试压并用发泡剂检漏。

当采用气压试验并用发泡剂检漏时，采用分段进行试压。缓慢升压，系统先升到0.5倍强度试验压力时，进行稳压检漏，无异常无泄漏时再按强度试验压力的10%逐级升压，每级都进行稳压并检漏合格，每次稳压时间根据所用发泡剂检漏工作需要的时间而定。直至升至强度试验压力，发现有三处法兰接头有少量气泡泄漏。决定稳压试验结束后再降压紧固法兰螺栓。螺栓紧固后交工。

2. 评析

(1) 规范规定试压中有泄漏时，不得带压修理。缺陷修补后应重新进行试压，直至合格。

(2) 试压合格后，还应该用0.6～0.8MPa压力进行扫线，以使管内干燥无杂物。

3. 结论

必须经过缺陷修补后重新试压，直到无泄漏。试验合格后要用0.6～0.8MPa压力干空气进行扫线，以使管内干燥无杂物。最后才能启动验收程序。

【案例七】 小口径燃气管道吹扫

1. 背景资料

某安装公司承担了直径为80mm、长度为1500m、设计压力为2.5MPa的燃气管道施工，并按下列方法对其安装的管道进行吹扫。

采用压缩空气吹扫。吹扫范围内的管道安装工程除补口涂漆外已按设计图纸全部完成，由施工单位负责组织吹扫工作并在吹扫前编制吹扫方案。按主管、支管、庭院管的顺序进行吹扫。吹扫出的脏物不得进入已合格的管道。吹扫管段内的调压器、阀门、孔板、过滤网、燃气表等设备全部拆去，待吹扫合格后再安装复位。吹扫口设在开阔地段并加固，吹扫时设安全区域，吹扫出口前严禁站人。吹扫压力为0.25MPa。吹扫合格设备复位后不再进行影响管内清洁的其他作业。吹扫气体流速设计为25m/s。但可能是压缩机流量不够，实际流速为5m/s。吹扫口与地面的夹角为40°，吹扫口管段与被吹扫管段采取平缓过渡对焊，吹扫口直径和管道直径相同。

当在排出口目测排气无烟尘时认为吹扫已经合格。

2. 评析

(1) 每次吹扫管道的长度不宜超过500m；当管道长度超过500m时宜分段吹扫。

(2) 吹扫气体流速不宜小于20m/s。

(3) 当管道长度在200m以上，且无其他管段或储气容器可利用时，应在适当部位安装吹扫阀，采取分段储气，轮换吹扫，采用管道自身储气放散的方式吹扫，打压点与放散点应分别设在管道的两端。

(4) 当目测排气无烟尘时，应在排气口设置白布或涂白漆木靶板检验，5min内靶上无铁锈尘土等其他杂物为合格。

3. 结论

本次吹扫不合格。建议每300～500m分段安装吹扫阀，采取分段储气，轮换吹扫，每次将管线加压到2～2.5MPa，然后快速打开吹扫阀，采用管道自身储气放散的方式吹扫，打压点与放散点应分别设在管道的两端。当目测排气无烟尘时，在排气口设置白布或涂白漆木靶板检验，5min内靶上无铁锈尘土等其他杂物为合格。

【案例八】 聚乙烯管道吹扫与压力试验

1. 背景资料

某安装公司承担了聚乙烯燃气管道施工，并按如下方法对其安装的聚乙烯管道进行了吹扫与试压。

吹扫、强度试验和严密性试验的介质采用压缩空气，其温度不超过40℃；压缩机出口端安装有油水分离器和过滤器。在吹扫、强度试验和严密性试验前，管道已与无关系统和已运行的系统用盲板隔离，并设置了明显标志。

(1) 管道吹扫

管道安装完毕，由施工单位负责组织吹扫工作，并在吹扫前编制了吹扫方案得到建设方批准。吹扫口设在开阔地段，并采取加固措施；排气口进行接地处理。吹扫时设置安全区域，吹扫出口处严禁站人。吹扫气体压力为0.25～0.3MPa，但不大于0.3MPa。吹扫气体流速为30m/s。每次吹扫管道的长度，不超过500m。调压器、凝水缸、阀门等设备不参与吹扫，待吹扫合格后再安装。

当目测排气无烟尘时，在排气口设置白布或涂白漆木靶板检验，5min 内靶上无尘土、塑料碎屑等其他杂物为合格。吹扫应反复进行数次，确认吹净为止，同时做好记录。吹扫合格、设备复位后，不得再进行影响管内清洁的作业。

(2) 强度试验

在强度试验和严密性试验前，编制了强度试验和严密性试验的试验方案，并得到建设方批准。管道系统安装检查合格后，及时回填到管顶 0.5m 以上。管件的支墩、锚固设施已达设计强度；未设支墩及锚固设施的弯头和三通，都采取了加固措施。试验管段所有敞口都已用盲板封堵。管线的试验段所有阀门已经全部开启。进行强度试验和严密性试验时，漏气检查使用洗涤剂。

管道系统分段进行强度试验，试验管段长度不超过 lkm。强度试验用压力计在校验有效期内，其量程为试验压力的 1.5～2 倍，其精度不低于 1.5 级。强度试验压力为设计压力的 1.5 倍，且最低试验压力符合下列规定：SDR11 聚乙烯管道不小于 0.40MPa。SDRl7.6 聚乙烯管道不小于 0.20MPa。钢骨架聚乙烯复合管道不小于 0.40MPa。

进行强度试验时，压力逐步缓升，首先升至试验压力的 50%，进行初检，没有发现泄漏和异常现象，继续缓慢升压至试验压力。达到试验压力后，稳压 1h 后，观察压力计不小于 30min，无明显压力降为合格。经分段试压合格的管段相互连接的接头，经外观检验合格后，可不再进行强度试验。

(3) 严密性试验

当采用气压试验并用发泡剂检漏时，采用分段进行试压。缓慢升压，系统先升到 0.5 倍强度试验压力时，进行稳压检漏，无异常无泄漏时再按强度试验压力的 10%逐级升压，每级都进行稳压并检漏合格，每次稳压时间根据所用发泡剂检漏工作需要的时间而定。直至升至强度试验压力，稳压 24 小时，没有发现泄漏。

2. 评析

本试验符合国家行业标准要求。试验组织程序正确。

3. 结论

在建设方、设计方、监理方签字后，并上交相关技术资料后本聚乙烯管道予以验收。

【案例九】 输气站试运投产

某管道安装公司投运分公司承担了某天然气管线试运投产任务，并按下列方法进行了气体置换与投产。

输气站投产前由投运公司编制了投产方案并得到建设方批准。输气站运行人员已经定岗定员，并进行了培训考核，所有操作人员已经取得输气工证书。试运过程由投运公司负责，管道安装公司报价，建设方、设计方、监理方派员参加。

1. 单体试运

压缩机组、工艺设备等试运，已按设计及设备操作手册执行。在规定时间，达到设计指标。变配电系统、消防系统、通信系统执行国家和行业相关标准，试运调试合格。供热、压缩空气、水等辅助系统试运合格。仪表及监控系统单独调试合格。

2. 整体试运

按设计工况进行各流程试运，站内工艺管线、设备、仪表、站控、SCADA 系统调试合格，系统连续平稳运行 72h 为合格。

3. 气体置换

管道内空气的置换在强度试压、严密性试验、吹扫清管、干燥合格后进行。管道内气体置换采用氮气推空气、天然气推氮气方法直接进行，之间不加隔离球或清管器隔离。置换空气时，氮气的隔离长度经过计算能保证到达置换管线末端空气与天然气不混合。置换过程中管道内气流速度在3～5m/s之间。

置换过程中混合气体排至放空系统放空。放空口远离交通线和居民点，以放空口为中心设立半径为300m的隔离区。放空隔离区内不允许有烟火和静电火花产生。置换管道末端配备气体含量检测设备，当置换管道末端放空管口气体含氧量不大于2%时认为置换合格。利用管道内气体置换输气站工艺管线及设备内气体。

4. 投产

天然气置换完成后即可投产。开启用户阀门，调节供气压力，直至正常。投产后按规定进行巡检，测取各种参数，填写报表。

5. 评析

本天然气站投产方案符合标准要求。

6. 结论

本工程被评为省级优质工程。

【案例十】 球形储罐水压试验

1. 背景资料

某安装公司承担了石化厂的小型球形储罐施工，并按下列方法对其安装的球形储罐进行了耐压试验。

(1) 试运前准备

球形储罐和零部件焊接工作全部完成并经检验合格；要求二次灌浆的基础二次灌浆已达到强度要求；需热处理的球形储罐已完成热处理，产品焊接试件经检验合格；补强圈焊缝已用0.4～0.5MPa的压缩空气做泄漏检验合格；支柱找正和拉杆调整完毕。

(2) 耐压试验

进行耐压试验时在球形储罐顶部便于观察的位置安装两块量程相同并经校验合格的压力表。设计压力小于1.6MPa的球形储罐，耐压试验用压力表的精确度不低于2.5级；设计压力大于或等于1.6MPa的球形储罐，耐压试验用压力表的精确度不低于1.6级。压力表盘刻度极限值为试验压力的1.5～3倍，压力表的直径不宜小于150mm。耐压试验时，严禁碰撞和敲击球形储罐。

液压试验介质采用25℃常温清洁水；液压试验的试验压力取球形储罐的设计压力。试验压力读数以球形储罐底部进口管道的压力表为准；液压试验按下列步骤进行：试验进水前先关闭球形储罐上的所有阀门和门口，从底部进水；试验时压力缓慢上升，当压力升至试验压力的50%时，保压足够的时间，对球形储罐的所有焊缝和连接部位进行检查。确认无渗漏后继续升压；压力升至设计压力时，保压足够的时间，对球形储罐的所有焊缝和连接部位进行检查，确认无渗漏后继续升压；压力升至试验压力时，保压30min后降至设计压力进行检查，检查期间压力应保持不变；液压试验完毕后，将水排尽，排水时，用管道将其引至附近水塘。

液压试验后检查无渗漏，无可见变形，试验过程中无异常响声。

球形储罐在充水，放水过程中，对基础的沉降进行了观测，并作了实测记录；沉降观测分别在下列阶段进行：

1）充水前；

2）充水到球壳内直径的 1/3 时；

3）充水到球壳内直径的 2/3 时；

4）充满水时；

5）充满水 24h 后；

6）放水后。

每个支柱基础均测定了沉降量。各支柱上按规定焊接永久性的水平测定板，支柱基础沉降均匀，放水后，不均匀沉降量不大于基础中心圆直径的 1‰，相邻支柱基础沉降差不大于 2mm。

2. 评析

（1）液压试验的试验压力，应按设计图样规定，且不小于球形储罐设计压力的 1.25 倍。

（2）试验压力读数应以球形储罐顶部的压力表为准。

（3）试验时应在球形储罐顶部设排气口，充液时将球形储罐内的空气排尽。

3. 结论

由于本次试验压力不够，且取压点设置错误，而且进水时没有排尽管内气体，因此本次试压不合格。

【案例十一】 球形储罐气压试验

1. 背景资料

某安装公司承担了石化厂的小型球形储罐施工，并按下列方法对其安装的球形储罐进行了耐压试验。

（1）试运前准备

球形储罐和零部件焊接工作全部完成并经检验合格；要求二次灌浆的基础二次灌浆已达到强度要求；需热处理的球形储罐已完成热处理，产品焊接试件经检验合格；补强圈焊缝已用 0.4～0.5MPa 的压缩空气做泄漏检验合格；支柱找正和拉杆调整完毕。

（2）气压试验

气压试验前编制了试验方案，气压试验中采取的安全措施经单位技术负责人批准。试验时本单位安全部门进行了现场监督检查，气压试验时设置两个以上安全阀、紧急放空阀；气压试验的试验压力符合设计图样规定，且不小于球形储罐设计压力的 1.1 倍；气压试验用气体为干燥洁净的空气；气温为 32℃。

气压试验按下列步骤进行：

试验时压力缓慢上升，当压力升至试验压力的 10%时，保持了足够的时间，对球形储罐的所有焊缝和连接部位进行检查，确认无渗漏后继续升压。

压力升至试验压力的 50%时，又保持了足够的时间，再次进行检查，确认无渗漏后按规定试验压力的 10%逐级升压。

压力升至试验压力时，保压 10min 后将压力降至设计压力进行检查。

卸压缓慢进行。

气压试验过程时，随时监测环境温度的变化和监视压力表读数，没有发生超压。

气压试验用的安全阀符合下列规定：使用的安全阀是有制造证的单位生产的符合技术标准的产品；安全阀经校准合格；安全阀的始启压力定为试验压力加 0.05MPa。

气压试验过程中，球形储罐无异常响声。经过肥皂液检查无漏气、无可见变形。

2. 评析

本次试验符合规范要求，安全人员现场监督。

3. 结论

经建设方、设计方、监理方现场检查签字，本次试验合格。

2.9 竣工验收案例

【案例一】

1. 背景材料

A 承包单位已将承包范围内的安装工程施工内容全部完成，并对工程质量进行了自检，认为符合施工图纸和验收规范的要求。A 单位向业主提交了交工报告，请求组织竣工验收。业主组织设计、监理单位进行初验时发现 A 单位尚有大量施工技术资料不完善，分散在各人手中，竣工图也没有着手绘制，因此拒绝了 A 单位的要求。

2. 分析

业主的拒绝是合理的。因为机电安装工程竣工验收的标准之一是文件资料齐全，达到归档要求。而 A 单位大量施工技术资料不完善，分散在各人手中，竣工图也没有着手绘制，显然尚不具备竣工验收条件。

对于施工单位来说，现场工作固然重要，但也不能忽视内业工作，特别是施工技术资料的及时整理、归档。

3. 结论

A 单位应该组织力量，把分散在各人手中的施工技术资料集中起来，按照分部、分项工程进行梳理、分类、归拢、装订，并编制资料目录清单；按照要求绘制竣工图，工程技术资料都应达到归档要求。所有这些工作都完成后，才能请业主组织交工验收。

【案例二】

1. 背景材料

某石化改造安装工程的全部施工项目已经完成，所有分项工程经自检和验收合格。负责通风与空调分部工程施工的专业技术人员编制了通风与空调系统的调试和试运转方案。方案中对该次调试的设计要求、调试的项目、调试的方法、人员的分工等都做了详细的策划。方案实施后，全部测试项目均出具了调试报告，数据证明达到了设计要求。

2. 分析

该通风与空调分部工程已具备质量验收的条件（所有分项工程经自检和验收合格、功能试验合格、质量资料完整、观感符合要求）。

民用建筑的通风空调系统在交工前要进行两种工况的调试，而本工程只能进行一种（供冷或供暖）工况的调试。另一种工况需要等到下一个运行季节才能进行。所以需要考虑的后续工作是，在下一个空调运行季节，还应进行工况的试验与调整。

3. 结论

本工程具备了质量验收的条件，可以进行验收。由于当时只能进行一种工况的调试，所以应该在下一个空调运行季节安排另一个工况的调试，两种工况均调试合格后，方能做出质量合格与否的结论。

【案例三】

1. 背景材料

某施工单位总承包承建一站场工程建设项目的全部工程，安装工程自营，土建工程由分包单位施工。总承包合同约定，项目分为生产区和生活办公区两部分。生产区已建成，并已负荷试运转投料试生产，生活区除员工食堂和办公楼建成使用外，倒班公寓和室外路灯等公用设施仍在建设中。可以认为整个项目建设已处在尾声中，总承包单位希望启动项目竣工验收程序。

2. 分析与结论

生活办公区尚未完工，不能对整个建设项目实施竣工验收，而生产区已建成经负荷试运转及投料试生产，已具备竣工验收条件，可以安排每个单位工程的竣工验收，待生活区完工且每个单位工程竣工验收后，则整个项目竣工验收就有了基础，其活动仅是资料汇总、给出总体评价和履行手续而已。

施工单位在竣工验收活动前要依照有关规定和合同约定，整理好文件和资料，向建设单位提交竣工验收报告，同时要对工程实体进行自检自验，并负有对整改工作实施和复验确认的责任，还应积极参加建设单位组织的竣工验收活动。

建设单位收到竣工验收报告后，应组建相关各方参加的竣工验收组织，并作为计划安排在正式验收前十天，向施工单位发出《竣工验收通知书》，组织主持竣工验收各项活动，工程经竣工验收合格且确认承包合同履约完毕，向施工单位签发《竣工证明书》，并在15天内向工程所在地县级以上人民政府建设行政主管部门或其他有关部门备案。

竣工验收活动的步骤有施工单位的自检自验、验收组织的预（初）验收、经预（初）验收提出整改意见后的复验、正式竣工验收。

【案例四】

1. 背景材料

某天然气长输管道工程建设期间，建设单位将该工程建设任务以EPC总承包加监理的管理模式分别委托总承包施工单位和监理单位，工程进行至尾声时，在监理部组织的工程预验收过程中，发现部分施工单位存在弃石堆放凌乱、农田段地面塌陷、个别水工保护工程无任何原材料报验资料。

2. 分析与结论

地貌恢复属于环境保护工作之一，施工单位应分别对弃石堆放进行整改、对农田段塌陷地面恢复至原有高度，并经监理工程师现场检查合格签字确认；对无任何原材料报验资料的水工保护工程，应返工重做，并严格要求其按照材料报验、过程施工报验程序进行。

【案例五】

1. 背景材料

某化工厂迁建入工业园区，在竣工验收时，验收人员发现工程部分引进了新工艺技术，中高压管路的管材即使在国内有能力生产的部分，几乎全部从技术引进国进口；原规划中的厂医务所因临近兴建的园区医院而删去了；查阅竣工结算书发现某拱顶内浮盘储罐的网架特种铸钢节点件每吨的价格要比国内同类型的价格便宜近一半。

对本案例的几个重点，验收人员在进行验收检查时，相应地需要查找哪些资料进一步认证？

2. 评析与结论

(1) 在本案例中，对引进技术谈判，往往有附加条件对外商进行补偿。验收人员对全部进口中高压管材的检查验收，应查阅与涉外活动相关的相应文件，如商务谈判纪要或备忘录、技术引进合同和管材采购、进口合同。

(2) 验收人员对化工管路安装质量关键之一是焊接质量，应查阅与焊接质量有关的管理和技术记录证实焊接质量是否失控。查阅管理类记录有焊工培训考试记录、焊接工艺评定记录，技术质量类记录有管理安装记录及单线图、焊缝无损检测记录等。

(3) 取消了厂医务所，对规划的变更应有审批手续。可以在立项审批文件中的修正申请规划报告中查找，并有设计变更文件进行证实。

(4) 铸钢节点件价格便宜。铸钢件通常有铸造及金加工两道工序，只有在工艺上改进促使降价而中标承揽加工。采用精密铸造如失蜡浇铸工艺可减去金加工工序（已被实践所证实），查阅采购招标投标文件和铸钢节点件采购合同可以证实。

【案例六】

1. 背景材料

一小型化工厂在冬季竣工验收，现场检查时，发现污水处理池因故障修理而有部分污水直排；行至燃料小型储库门外，查看手提灭火机灭火剂储存时间，发现已过期；在恒温储存库，库房有空调水管经过上边的吊平顶处，普遍有漫污水迹，但无滴水。

(1) 为什么污水处理池计划检修有部分污水直排，检查人员应持怎样的意见？

(2) 构成手提灭火机灭火剂过期在管理上的原因是什么，怎样整改？

(3) 造成库房吊平顶漫污的直接原因是什么，怎样整改？

2. 分析

(1) 污水处理池因故障检修而部分污水直排，说明检修的污水处理池仅是一部分或一个，厂方是为保持化工生产而为之，表明污水处理能力在应急状态无备用；检查人员认为直排污水是违法且危害社会的群众的利益；污水部分直排是生产厂迫于无奈而非主观故意违法行为，说明机电工程设计时没有考虑应有足够的污水处理备用能力，检查人员认为直排违法、停产不可，以短时降低印染生产能力、减少污水处理量为上策。

(2) 灭火机灭火剂应定期更换以防失效，由生产厂方消防安全管理部门负责执行；手提灭火机灭火剂储存过期，说明生产消防安全准备工作有缺陷，应在生产安全管理制度的落实上加以纠正。

(3) 库房平顶漫污说明空调水管有滴水过程，时值冬季仅见水迹而不滴水，说明空调水管冬季走热水无滴漏而夏季走冷冻水则滴水。说明库房吊平顶内空调水管及其接口处无渗漏滴水的可能，仅是管外绝热层施工质量有问题，与管间有空隙导致管内通冷冻水时产生大量凝结水下滴而漫污吊平顶，建议返工修理。

【案例七】

1. 背景材料

某化工厂建成后竣工验收邀请了污水处理检测机构的代表为验收委员，现场检查时发现原料堆放场防火间隔距离不够，经询问：因征地与储量不匹配造成；且发现因净化分离设备延迟供应，导致建设工期延误，原因是：正在对实施方处罚和实施方向设备供应商索赔的纠纷中。

(1) 验收委员会成员只邀请污水处理检测机构参加是否妥善，为什么？

(2) 原料堆放场防火间隔距离不符要求是否可行，怎样整改？

(3) 净化分离设备延迟供应、影响工期造成处罚实施方的现象，竣工验收意见书中对这一事件应怎样表达意见？

2. 分析

(1) 污水处理检测机构只能对造纸污水检测结果负责，不能对造纸厂的环境影响作全面权威性的评估，况且污水处理检测机构只可能参与环评工作，不可能出具环评审批意见。因此只邀请污水处理机构派员参加验收不够妥善，应邀请环保行政主管部门共同参加造纸厂的竣工验收活动，方便验证证实工程立项时的环保审批意见。

(2) 原料堆场防火间隔距离不够，有可能具体工作人员工作违章，也可能产能与原料需要周期在规划设计时估算失误。造纸厂原料堆场是工厂防火的重点，防火间隔距离不够必须立即整改，从根本上说，加强对工作人员的防火安全教育为主，调整原料收购进场计划为次，实因规划设计估算失误，要打报告向有关部门说明理由争取扩大原料堆场面积。

(3) 因净化分离设备供应延误是造成工期延误的主因，但实施方在采购合同的执行中也有不可推卸的责任。竣工验收意见书对工期延误事件应说明原因，建议依承包合同和设备采购合同约定，进行处罚和索赔。

【案例八】

1. 背景材料

某安装公司（乙方）承接某上市公司（甲方）的石油化工生产线的机电设备安装工程，由于工程公开招标过程中，竞争激烈，采用低价中标。施工公司只有通过优化生产要素配置和加强管理才能保证项目的进度目标、质量目标、安全目标和成本目标的实现，在施工过程中，重点是动设备及塔器类设备安装、调试工作。

2. 分析

此案例关于设备试运转，机电安装工程项目生产要素管理的基本内容：

(1) 项目人力资源管理；

(2) 项目工程设备和材料管理；

(3) 项目施工机械设备的检测器具管理；

(4) 项目技术管理；

(5) 项目资金管理。

设备试运转是机电安装工程达到竣工条件的试运转（试车）、试运行、试通电等工作的总称。它包括了从单机到工程总体试验或试启动的全部过程，它是对工程设计、施工以及相关配套工作的重要检验程序。设备试运转可分为有负荷和无负荷两种试运转形式。

系统调试（试运转）应具备的条件：

(1) 系统调试工作必须在该系统的安装工作全部完成（包括必要的清扫、试验、测试)，且系统的设备（磨机、选粉机、主风机、收尘机、皮带输送机、提升机等)、仪表均单机单体试运转、调试合格后进行；调试的结果应形成记录。

(2) 甲方或监理确认该系统全部施工项目已完成，并形成证实其符合要求的记录。

(3) 编制了调试、试运行方案。

(4) 参加该项工作的管理人员、操作人员到岗且职责清楚。

(5) 调试、试运行的现场条件、资源条件都符合试运转方案。

(6) 试运转的安全措施已制定。

(7) 管路、线路连通正常。

(8) 水、电、气、风均已试验合格。

(9) 专业人员已向操作人员作了技术交底。

(10) 已得到甲方或监理的认可，甲方的操作人员已到岗等。

系统整体运转的条件：

(1) 机电安装工程的整体运转应在各系统的调试合格基础上进行；整体运转的方案已编制并得到监理确认。现场、资源的条件已满足方案的要求。

(2) 负荷整体试运转已合格。

(3) 负荷试运转的能源、物料都已准备。

(4) 设计人员和制造厂家代表人员已到位。

(5) 业主方操作人员已到位。

(6) 安全设施已具备。

(7) 已向整体试运转的各岗位人员交底。

(8) 已明确应急、应变的措施等。

第3章 石油化工项目负责人执业工程范围及工程规模标准

3.1 石油化工项目负责人执业工程范围

包括：石油天然气建设（油田、气田地面建设工程），海洋石油工程，原油、成品油储库工程，天然气储库工程，地下储气库工程，石油炼制工程，石油深加工工程，有机化工工程，无机化工工程，化工医药工程，化纤工程。

3.2 石油化工工程规模标准

见表3-1。

石油化工工程规模标准 **表3-1**

序号	工程类别	项目名称	单位	规模			备注
				大型	中型	小型	
1	石油天然气建设项目	油田地面建设	万吨/年	≥30	20～30	≤20	产能、技改、单项工程合同额
			万元	≥1000	100～1000		
		气田地面建设	亿立方米/年	≥1.5	0.5～1.5	≤0.5	产能、技改、单项工程合同额
			万元	≥1500	200～1500		
		管道输油工程	万吨/年	≥600	300～600	≤300	输油能力
			公里	≥120	<120		管线长度
		管道输气工程	亿立方米/年	≥10	5～10	≤5	输气能力
			公里	≥120	<120		管线长度
		城镇燃气	亿立方米/年	≥3	1～3	≤1	生产能力
		原油、成品油储库工程	万立方米	≥8	3～8	≤3	总库容
			万立方米	≥2	0.5～2	≤0.5	单罐容积
		天然气储库工程	万立方米	≥1.5	1～1.5	≤1	总库容
			万立方米	≥0.5	0.2～0.5	≤0.2	单罐容积
		液化石油气及轻烃储库（常温）	立方米	≥2000	1000～2000	≤1000	总库容
			立方米	≥400	200～400	≤200	单罐容积
		液化石油气及轻烃储库（低温）	立方米	≥20000	10000～20000	≤10000	总库容
			立方米	≥10000	< 10000		单罐容积
		地下储气库工程	亿立方米/年	≥3	1～3	≤1	有效库容
		天然气处理加工工程	万立方米/日	≥100	25～100	≤25	加工能力

续表

序号	工程类别	项目名称	单 位	规 模			备 注
				大型	中型	小型	
1	石油天然气建设项目	石油机械制造与修理工程	万元	≥5000	2000～5000	≤2000	投资
		海洋石油工程	亿元	≥8	4～8	≤4	投资
		海洋石油导管制造与安装	吨	≥2500	800～2500	≤800	安装能力
		海洋石油模块制造与安装	吨	≥2500	800～2500	≤800	安装能力
		海底管线工程	公里	≥15	＜15		安装能力
2	石油炼制工程	常减压蒸馏	万吨/年	≥250	＜250		生产能力
		焦化	万吨/年	≥140	＜140		生产能力
		气体分镏	万吨/年	≥30	10～30	≤10	生产能力
3	石油产品深加工	催化反应加工	万吨/年	≥200	＜200		生产能力
		加氢裂化	万吨/年	≥140	＜140		生产能力
		加氢精制	万吨/年	≥200	＜200		生产能力
		制氢	万标立/时	≥6	＜6		生产能力
		气体脱硫	万吨/年	≥30	10～30	≤10	生产能力
		液化气脱硫	万吨/年	≥60	30～60	≤30	生产能力
		制硫	万吨/年	≥10	6～10	≤6	生产能力
		重整装置	万吨/年	≥60	40～60	≤40	生产能力
		渣油加工	万吨/年	≥1	0.3～1	≤0.3	生产能力
		气体加工	万吨/年	≥10	＜10		生产能力
		润滑油加工	万吨/年	＞15	5～15	≤5	加工能力
4	有机化工、石油化工	乙烯	万吨/年	≥30	14～30	≤14	生产能力
		对二甲苯	万吨/年	≥15	＜15		生产能力
		丁二烯	万吨/年	≥5	＜5		生产能力
		乙二醇	万吨/年	≥10	＜10		生产能力
		精对苯二甲酸	万吨/年	≥25	15～25	≤15	生产能力
		醋酸乙烯	万吨/年	≥8	＜8		生产能力
		甲醇	万吨/年	≥10	5～10	≤5	生产能力
		氯乙烯	万吨/年	≥8	＜8		生产能力
		苯乙烯	万吨/年	≥10	＜10		生产能力
		醋酸	万吨/年	≥10	＜10		生产能力
		环氧丙烷	万吨/年	≥4	＜4		生产能力
		苯酐	万吨/年	≥4	＜4		生产能力
		苯酚丙酮	万吨/年	≥6	＜6		生产能力
		丙烯腈	万吨/年	≥5	＜5		生产能力
		高压聚乙烯	万吨/年	≥18	＜18		生产能力
		低压聚乙烯	万吨/年	≥14	＜14		生产能力
		全密度聚乙烯	万吨/年	≥14	＜14		生产能力
		聚苯乙烯	万吨/年	≥10	＜10		生产能力

续表

序号	工程类别	项目名称	单 位	规 模			备 注
				大型	中型	小型	
4	有机化工、石油化工	聚氯乙烯（乙烯法）	万吨/年	≥10	<10		生产能力
		聚乙烯醇（电石法）	万吨/年	≥5	<5		生产能力
		乙内酰胺	万吨/年	≥6	<6		生产能力
		聚酯（乙烯法）	万吨/年	≥10	<10		
		聚酯（PTA法）	万吨/年	≥18	15～18	≤15	生产能力
		尼龙66	万吨/年	≥2	<2		生产能力
		聚丙烯	万吨/年	≥7	<7		
		ABS	万吨/年	≥6	<6		生产能力
		顺丁橡胶	万吨/年	≥5	<5		生产能力
		丁苯橡胶	万吨/年	≥5	<5		生产能力
		丁基橡胶	万吨/年	≥3	<3		生产能力
		乙丙橡胶	万吨/年	≥3	<3		生产能力
		丁腈橡胶	万吨/年	≥5	<5		生产能力
5	无机化工	合成氨	万吨/年	>18	8～18	≤8	生产能力
		尿素	万吨/年	>30	13～30	≤13	生产能力
		硫酸、硝酸	万吨/年	>16	8～16	≤8	生产能力
		磷酸	万吨/年	>12	3～12	≤3	生产能力
		烧碱	万吨/年	>5	3～5	≤3	生产能力
		纯碱	万吨/年	>30	8～30	≤8	生产能力
		磷肥	万吨/年	>50	20～50	≤20	生产能力
		复肥	万吨/年	>20	10～20	≤10	生产能力
		无机盐	万元	>10000	5000～10000	≤5000	单项工程合同额
6	化工医药	电石	万吨/年	≥5	2～5	≤2	生产能力
		炼焦	万吨/年	≥60	20～60	≤20	生产能力
		农药	万吨/年	≥3	0.3～3	≤0.3	生产能力
		新型高级农药	万吨/年	≥0.1	0.01～0.1	≤0.01	生产能力
		高效低毒农药	吨/年	≥1000	<1000		生产能力
		化学原料药工程	亿元	≥2	1～2	≤1	单项工程合同额
		生物药工程	亿元	≥1	0.5～1	≤0.5	单项工程合同额
		中药工程	亿元	≥0.8	0.5～0.8	≤0.5	单项工程合同额
		制剂药综合项目	亿元	≥1	0.5～1	≤0.5	综合项目
		药用包装材料综合项目	亿元	≥1	0.5～1	≤0.5	综合项目
		其他化学工业	万元	≥10000	3000～10000	≤3000	单项工程合同额
		引进技术项目	万美元	≥3000	500～3000	≤500	单项工程合同额
7	合成材料及加工	树脂成型加工	万吨/年	≥3	1～3	≤1	生产能力
		橡胶轮胎工程	万套/年	≥30	10～30	≤10	生产能力
		其他橡胶制品	万元	≥5000	<5000		单项工程合同额
		塑料	万吨/年	≥4	<4		生产能力
		塑料薄膜	万吨/年	≥0.3	0.1～0.3	≤0.1	生产能力

续表

序号	工程类别	项目名称	单位	规模			备注
				大型	中型	小型	
7	合成材料及加工	塑料编织袋	万条/年	≥500	<500		生产能力
		油漆及涂料（不含高级油漆）	万吨/年	≥4	1～4	≤1	生产能力
8	精细化工	精细化工工程	万元	≥5000	3000～5000	≤3000	单项工程合同额
9	化工矿山工程	磷矿	万吨/年	≥100	30～100	≤30	生产能力
		硫铁矿	万吨/年	≥100	30～100	≤30	生产能力
		其他石化工程	亿元	≥3	1～3	≤1	单项工程合同额
10	化纤工程	涤纶长丝工程	万吨/年	≥5	1～5	≤1	生产能力
		丙纶长丝工程	万吨/年	≥1.5	0.75～1.5	≤0.75	生产能力
		锦纶长丝工程	万吨/年	≥1.5	0.5～1.5	≤0.5	生产能力
		粘胶长丝工程	万吨/年	≥0.6	<0.6		生产能力
		醋纤长丝工程	万吨/年	≥1	<1		生产能力
		涤纶工业丝工程	万吨/年	≥1.5	0.4～1.5	≤0.4	生产能力
		锦纶工业丝工程	万吨/年	≥1.5	0.4～1.5	≤0.4	生产能力
		涤纶短纤工程	万吨/年	≥5	1.5～5	≤1.5	生产能力
		丙纶短纤工程	万吨/年	≥1.5	1～1.5	≤1	生产能力
		腈纶短纤工程	万吨/年	≥5	1～5	≤1	生产能力
		粘胶短纤工程	万吨/年	≥5	<5		生产能力
		氨纶工程	万吨/年	≥0.1	0.05～0.1	≤0.05	生产能力
		特种纤维工程	万吨/年	≥1	<1		生产能力
		无纺布工程	万吨/年	≥1.2	0.5～1.2	≤0.5	生产能力
		特种纤维工程	万吨/年	≥1	<1		生产能力
		特种纤维工程	万吨/年	≥0.1	<0.1		生产能力